U0539041

動物小夥伴

59組你想不到的最佳拍檔，歡迎來到動植物共生的奇妙世界

ANIMAL SIDEKICKS
Amazing Stories of Symbiosis in Animals and Plants

共生關係
是什麼？
What is **Symbiosis**?

除非是想吃掉彼此，大部分的動物都不想和其他動物扯上關係。所有的生物通常都和同類待在一起。猴子和猴子待在一起，鮭魚和鮭魚一塊兒，孔雀跟孔雀作伴，以此類推。這本書講的是更不尋常的例子。書中介紹**共生**的例子，也就是不同物種的動植物和其他生物形成的有趣關係。

當大部分的人想到共生，想到的是雙贏的情況。這本書裡有許多這類例子，從狐獴幫疣豬清潔，到短鎖蛙幫忙看守捕鳥蛛的卵等等。但共生不只包括快樂好夥伴：可以是任何兩個物種的長期交互作用關係。就算只

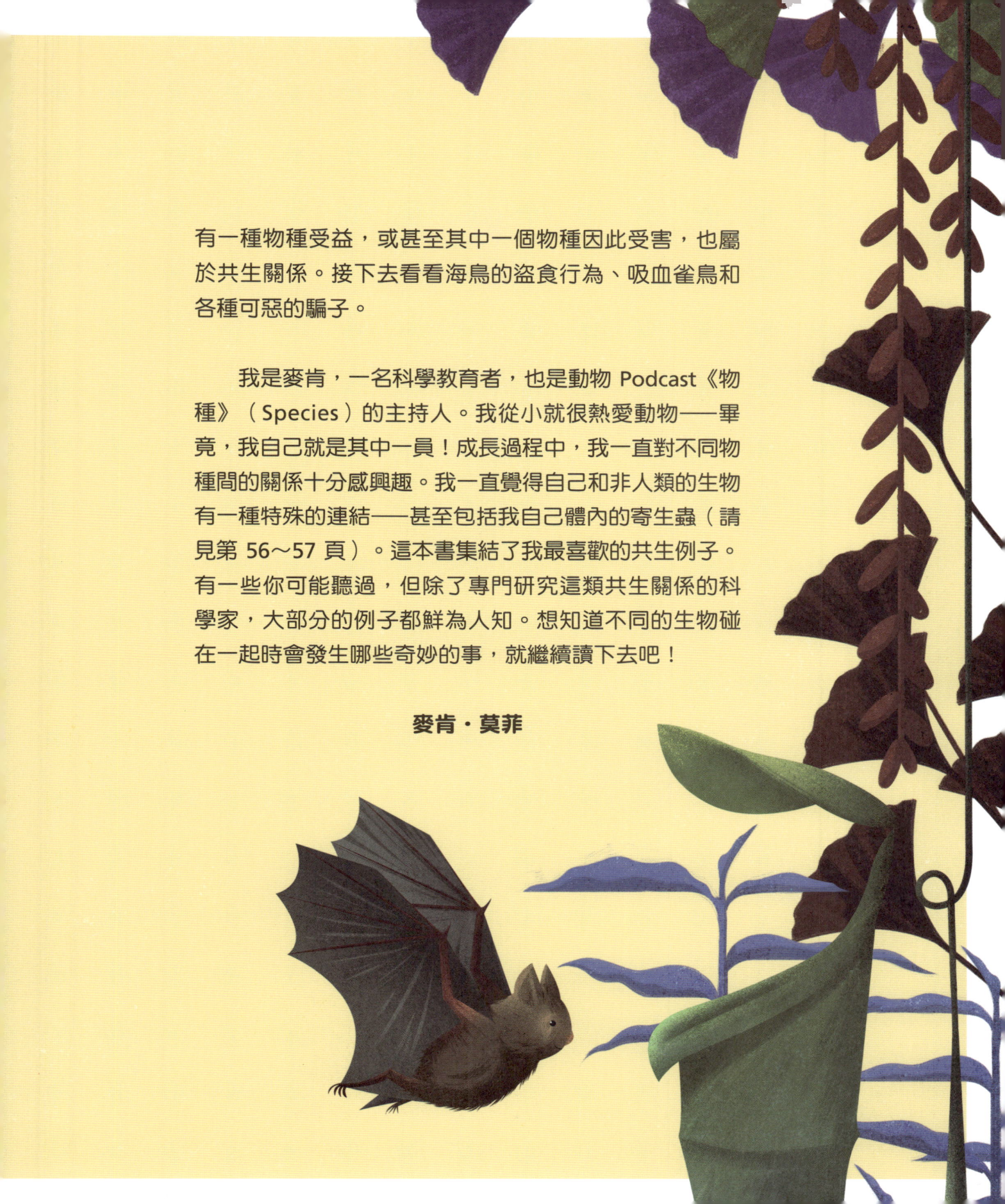

有一種物種受益,或甚至其中一個物種因此受害,也屬於共生關係。接下去看看海鳥的盜食行為、吸血雀鳥和各種可惡的騙子。

我是麥肯,一名科學教育者,也是動物 Podcast《物種》(Species)的主持人。我從小就很熱愛動物——畢竟,我自己就是其中一員!成長過程中,我一直對不同物種間的關係十分感興趣。我一直覺得自己和非人類的生物有一種特殊的連結——甚至包括我自己體內的寄生蟲(請見第 56~57 頁)。這本書集結了我最喜歡的共生例子。有一些你可能聽過,但除了專門研究這類共生關係的科學家,大部分的例子都鮮為人知。想知道不同的生物碰在一起時會發生哪些奇妙的事,就繼續讀下去吧!

麥肯・莫菲

目次
Contents

2	共生關係是什麼？	38	訪花蜂和花朵
		40	嚮蜜鴷和人類
6	捕鳥蛛和短鎖蛙	42	蜘蛛蟹和海藻
8	郊狼與美洲獾	44	水豚和牛霸鶲
10	蝙蝠與無花果	46	大翅鯨和藤壺
12	河馬與淡水龜	48	螞蟻與真菌
14	嗜血地雀和鰹鳥	50	螯蝦和蛭蚓
16	虎蘭和樹	52	象鮈和塔玉鳳
18	螞蟻和蚜蟲	54	巨型管蟲和細菌
20	斑馬和鴕鳥	56	人類和頭蝨
22	黑猩猩和果樹	58	石斑魚和章魚
24	牛和鷺鷥	60	彩蝠和豬籠草
26	啄牛鳥和犀牛	62	人面蟹和海膽
28	埋葬蟲和蟎	64	斑馬和牛羚
30	石龍子與莿桐	66	杜鵑鳥和葦鶯
32	小丑魚和海葵	68	蜂鳥和花朵
34	賊鷗和海鸚	70	裸胸鯙與裂唇魚
36	海螺和寄居蟹	72	疣豬和狐獴

74	饅頭果細蛾和饅頭果	104	樹懶和海藻
76	吸血蝙蝠與豬	106	綠腹麗魚和花斑腹麗魚
78	斑蚊和粉蝶蘭	108	狐猴與旅人蕉
80	鬼蝠魟和鮣魚	110	檸檬微蟻和惡魔的花園
82	鳥和樹	112	牛鸝和黃喉地鶯
84	藍灰蝶和紅火蟻	114	拳擊蟹和海葵
86	林鼠和擬蠍	116	紅尾綠鸚鵡和藍桉樹
88	灰狼和鬣狗	118	黑帶鰺和大白鯊
90	蟹蛛和花	120	卷尾和狐獴
92	人類與狗	122	鰕虎和槍蝦
94	螞蟻和相思樹		
96	啄木鳥與仙人掌	124	名詞表
98	人類和玉米	126	致謝
100	松鼠與橡樹	127	簡介
102	穴龜與糞金龜		

捕鳥蛛 The Tarantula and the Frog
和短鎖蛙

很不尋常的卵，是吧？這些卵看起來很怪，因為捕鳥蛛會用絲狀卵囊將卵包住。

保姆

捕鳥蛛守門的時候，短鎖蛙會負責顧蜘蛛卵。螞蟻偷偷出現想吃掉幼蛛，但還沒找到機會就會被短鎖蛙吃掉。

哎呀，不好意思！

這兩種生物都不會隨時待在家裡，有時候牠們在外奔波辦事會不小心遇到。可怕的是，這種捕鳥蛛會吃其他種類的青蛙，所以可能會不小心誤食自己的朋友！

在南美的叢林裡，
有隻小短鎖蛙有個不大尋常的室友——
一隻巨大的捕鳥蛛！
這隻哥倫比亞小黑捕鳥蛛
讓這隻斑點短鎖蛙住在自己的巢穴，
並保護短鎖蛙不受到掠食者的攻擊。
而短鎖蛙報恩的方式則是
確保螞蟻不會吃掉捕鳥蛛的卵。

例如蛇等等的掠食者都很想吃掉短鎖蛙，可惜牠們進不去……

我差點兒沒認出你！

還好，捕鳥蛛認得這隻短鎖蛙朋友的味道，把對方放了下來——短鎖蛙平安無事。不然就真的尷尬了。

郊狼

郊狼

與美洲獾
The Coyote and the Badger

美洲獾

察覺到有危險時，草原犬鼠會衝到地面上（並非明智之舉）。

草原犬鼠有專門育兒的地下空間。

玩伴

先前認為這種團隊合作的形式只是公事公辦，但 2020 年一隻郊狼與美洲獾一起玩耍的影片在網路上瘋傳。

一加一大於二

研究顯示與美洲獾合作的郊狼，抓到的地松鼠會比獨自獵捕的郊狼更多。平均而言，郊狼與美洲獾夢幻團隊會多抓到三分之一的獵物！

在北美草原地帶，
郊狼和美洲獾常常聯手，
是一對超強的捕獵搭檔。
當郊狼在地面巡邏時，
美洲獾則會在地底追趕著草原犬鼠。
誰先抓到就能得到戰利品。

草原犬鼠吃飯、睡覺有不同的房間，甚至有專門的廁所！

菜單

郊狼和美洲獾都不是特別挑食，但吃的食物通常是草原犬鼠或地松鼠——兩種居住在平原洞穴裡的動物。

草原犬鼠

地松鼠

郊狼與夥伴合作的成果

郊狼獨自狩獵的成果

9

蝙蝠與無花果
The Bats and the Figs

大自然中,很多生物都希望不要被吃掉,但這些無花果卻希望能成為蝙蝠的食物!當蝙蝠吃下無花果之後,便意外成了無花果農,在森林裡到處種下無花果的種子。

黃耳蝠

保證美味

無花果樹會因為蝙蝠吃果實而受益,無花果隨著時間改變,或稱**演化**,確保果實超級美味。

蝙蝠航空公司

當蝙蝠吃無花果時,糞便裡會有無花果的種子。蝙蝠飽餐一頓,無花果種子則免費搭了順風車!

回聲定位

在黑漆漆的夜晚,蝙蝠的眼睛看不大清楚,所以會使用回聲定位的特殊機制。牠們發出尖銳的高音,發射到不同物體後再反射回來。蝙蝠透過這樣的方式感受物體的存在。

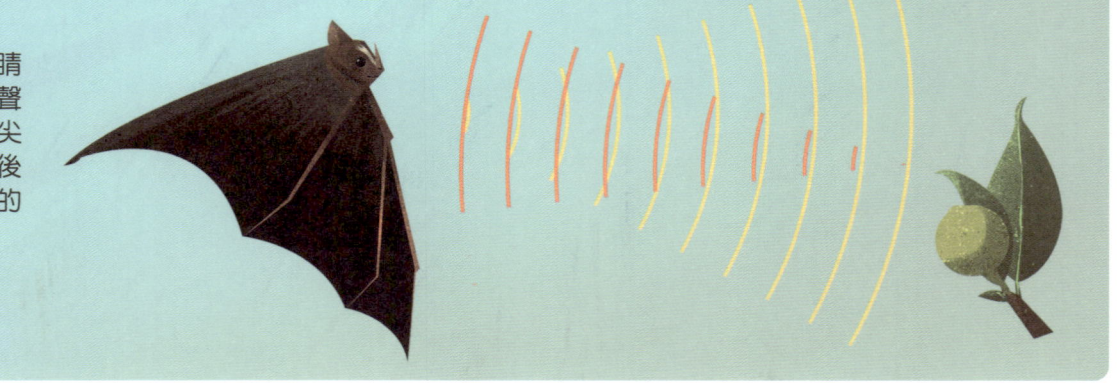

不同的無花果，不同的物種

有些種類的無花果樹非常仰賴蝙蝠協助繁殖，甚至經過演化，能吸引特定種類的蝙蝠前來。注意看看不同種類的蝙蝠會吃哪些不同種類的無花果？

大食果蝠

葉鼻蝠

用糞便種植

蝙蝠大便的時候，能將種子毫無損傷地一起排泄出去。牠們把種子帶到新的地點，糞便則能當作**肥料**——創造了完美的生長條件。

11

河馬與淡水龜
The Hippo and the Terrapins

淡水龜喜歡在游泳後做日光浴，
牠們通常會爬到岩石上進行。
但有時候，唯一的選擇是活生生的大石頭：
龐大的河馬。河馬幾乎和河岸一樣穩固，
是非常理想的曬日光浴地點。
就算有幾十隻烏龜爬上來，
感覺河馬對於背上乘客也不大在意——
其實河馬根本就沒發現！

就算是炎熱的非洲,對淡水龜來說有時候水裡可能還是會有點太冷。

加熱充電

就像所有的爬蟲類一樣,淡水龜需要吸收環境中的熱源以保持理想體溫。為了保暖,牠們會定時離開水面曬太陽,就像是為接下來的活動充電一樣。

嗜血地雀和鰹鳥

The Vampire Finch and the Booby

說到熱帶天堂島嶼,你大概絕對不會想到吸血鬼,
但在加拉巴哥群島上有一群嗜血的鳥兒光天化日下就開始吸血。
這些地雀會從名為鰹鳥的大型海鳥身上吸血,
奇怪的是,鰹鳥似乎完全不在意。

忠實的好朋友

研究人員懷疑這些地雀會吃鰹鳥身上的寄生蟲。隨著時間過去，鰹鳥學會信任這些地雀，還很樂意讓這些嬌小的鳥兒停在自己的背上啄遍羽毛。最後，這些地雀會開始對著信任牠們的夥伴「背後捅刀」——一點也不誇張！

橙嘴藍臉鰹鳥是嗜血地雀的受害者之一。

嗜血地雀尖銳的鳥喙就像手術刀一樣鋒利。

虎蘭和樹
The **Tiger Orchid** and the **Tree**

我們通常認為蘭花就是送給媽媽的母親節花禮，
但如果你想要送人虎蘭，最好先準備一輛送貨卡車。
這是地球上最大的蘭花！
雖然虎蘭可以在各種環境下生存，
但它偏好作為攀附在樹上的**附生植物**：
也就是依附在其他植物體上生存的植物。
因為能攀附在樹上，
蘭花在森林高處的絕佳位置能得到很多陽光。
蘭花也不需要接觸地面──
這種植物有特殊的根可以吸收樹皮表面的雨水。

這種花也被認為是「蘭中之后」。

比長頸鹿還高

目前已知最高的長頸鹿將近 20 呎（6 公尺），但虎蘭可以長到 25 呎（7.5 公尺）那麼高！

沈重的負擔

一株虎蘭的重量可超過兩噸。比許多車子還要重！有些科學家懷疑這種植物這麼重，光是攀附生長就會對樹木造成傷害。

17

螞蟻和蚜蟲
The Ants and the Aphids

你聽過螞蟻農場，但有聽過螞蟻農夫嗎？黃毛蟻之於根蚜，就像人類之於乳牛一樣。這些螞蟻管理著地底下龐大的根蚜。肚子餓的時候，螞蟻會為蚜蟲「擠奶」，取食蚜蟲尾部分泌的蜜露。螞蟻有了可靠的食物來源，而蚜蟲則能確保安全（還有免費飛行的機會——但等會兒再細談這部分）。

吃草去

乳牛和根蚜都吃草維生——只是部位不同。蚜蟲吃的地下根系。蟻窩所有的通道都有根系，這並非巧合：螞蟻特地將蟻窩打造成適合蚜蟲居住的環境。

團隊成員介紹

以下,有蚜蟲、工蟻和蟻后。蟻后是所有工蟻的母親,這些工蟻一起工作,因為牠們彼此有血緣關係。在大自然中,如果彼此間有同樣的家族基因,你們就是同一隊的!

蚜蟲　　　工蟻　　　蟻后

為蚜蟲擠奶

根蚜會分泌蜜露,是一種甜的液體。黃毛蟻只需要從蚜蟲身上「擠奶」就能享用美味的飲料!

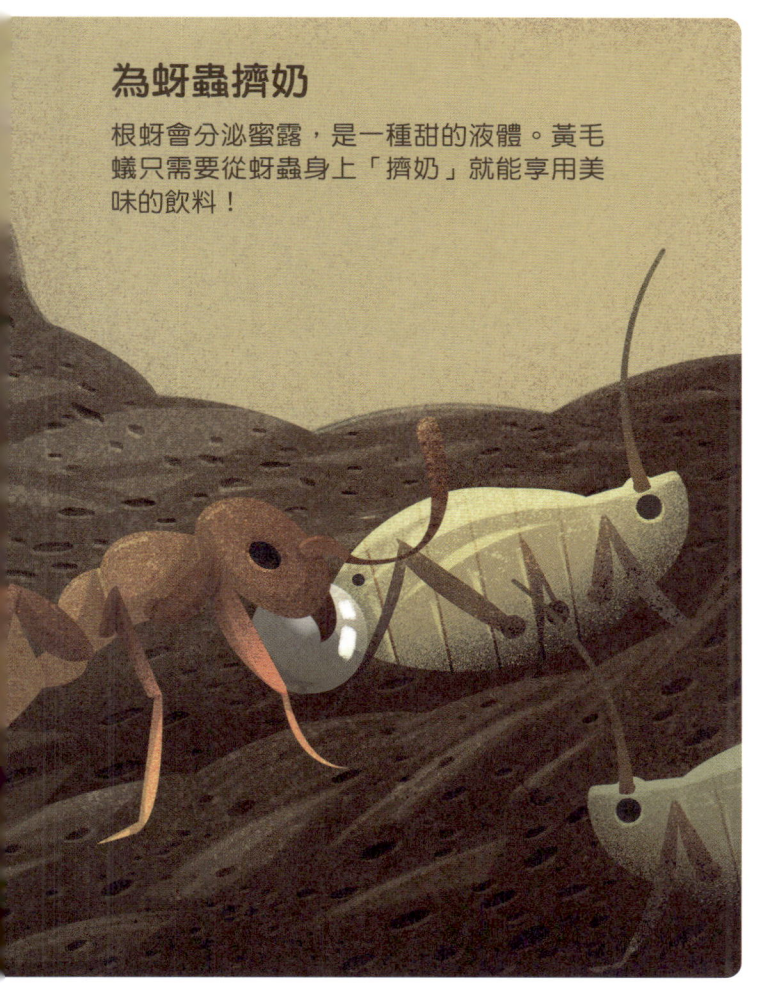

飛行的螞蟻

要成立新的蟻群時,年輕的蟻后會飛到新的地點。蟻后離開時會帶著蚜蟲卵一起走,以便建立自己的新農場。

19

斑馬和鴕鳥
The Zebras and the Ostriches

鴕鳥是地球上最厲害的一種守望動物。
高挑的身高讓牠們擁有極為有利的位置，
而檸檬般大小的眼睛則給了鴕鳥絕佳視野。
在一群斑馬附近常常會看到鴕鳥的身影。
有些科學家在想，鴕鳥是否利用其優異的視力，
一發現掠食者就提前警告斑馬。

斑馬可能會貢獻自己更好的聽力及嗅覺，作為回報。

這些小鴕鳥是從龐大的鴕鳥蛋孵化出來的——一顆鴕鳥蛋共有22顆雞蛋加起來那麼大！

發現掠食者

鴕鳥能比任何斑馬更早發現掠食者——像是獅子或鬣狗。附近的動物看到鴕鳥驚嚇的反應，就知道有危險靠近。感謝鴕鳥的通知，所有動物都有足夠時間逃到安全的地方。

全世界的陸棲動物中，鴕鳥的眼睛最大。

黑猩猩和果樹
The Chimpanzee and the Fruit Tree

黑猩猩盪過熱帶非洲一棵又一棵樹採集水果。
樹木給了黑猩猩睡覺的地方、安全的移動路線、營養的食物。
黑猩猩回報的方式則是給予樹木新生命：牠們吃樹木的果實，
同時也吃下種子，排便的時候就種下新的樹苗！

黑猩猩在樹上築巢

豐收

和普遍認知不一樣，黑猩猩不只吃香蕉。野生黑猩猩會吃各式各樣在超市找不到的野果。

無花果

非洲傘樹的果實

黑猩猩吃的食物中有一半都是無花果。

黑猩猩吃 80 種不同的野果。

種子通過黑猩猩的消化道之後更容易生長，一同排泄出來的糞便還能變成肥料！

核果木的果實　　　　　釋迦　　　　　油棕的果實

23

牛隻踏著重重的腳步走過原野,
將棲息在草叢裡的蟲子從躲藏處嚇跑出來。
小蟲子一飛出來就受到猛烈驚嚇。
小型的鷺鷥就在那兒等著牠們!
鷺鷥一有機會就從空中捉蟲子。
牛每踏出一步就讓跟隨的鷺鷥得到免費食物,
但牛從這樣的關係得到了什麼好處,目前仍不清楚。

牛和鷺鷥
The Cow and the Egrets

「哞」略合作關係

研究人員估測，鷺鷥在牛的幫助下，抓蟲的效率改善近四倍。也就是說，一隻孤軍奮戰的鷺鷥抓到 10 隻蟲子的同時，有牛幫助的鷺鷥能抓到近 40 隻蟲！

與牛幫手一起用餐

獨自用餐

啄牛鳥和犀牛
The Oxpeckers and the Rhinos

在撒哈拉以南非洲，啄牛鳥都棲息在犀牛背上，
吃掉龐大夥伴背上的蝨子。
但是這些鳥的主要目的並不是來幫犀牛除害蟲，
牠們其實扮演了警戒的角色！

飛行警報器
犀牛看不大清楚，但啄牛鳥卻擁有絕佳視力。啄牛鳥能扮演看守的警衛，有掠食者接近時就低聲通報。

自私的幫手
啄牛鳥會等到蝨子都吸滿血才開始吃，確保這些食物都已經多汁可口。這就像是等到銀行搶匪把金庫都掏空後才阻止他們，然後再從他們手中把錢拿走！

啄牛鳥一天能吃超過 100 隻蝨子！

挖耳屎

如果啄牛鳥愛吃蝨子這個癖好還不夠噁心，其實牠們吃蝨子時還喜歡配耳屎！（科學家完全不知道這樣對犀牛到底有益還是有害。）

啄牛鳥飽餐一頓的代價是要當犀牛的保鑣。牠們需要保持警戒，監看是否有任何會攻擊年幼犀牛的掠食者靠近。

啄牛鳥的斯瓦希里語名字 "askari wa kifaru" 非常合適，意思是：「犀牛的守衛。」

27

埋葬蟲和蟎

The Carrion Beetle and the Mites

埋葬蟲是一輛開往自助餐的巴士。
牠接一群蟎並載牠們到有動物屍體的地方。
蟎爬下來，吃屍體上所有的蒼蠅的卵，
而埋葬蟲則吃屍體。
蟎搭便車去吃了免費的一餐，
回報的方式是處理掉所有可能會和
埋葬蟲搶食美味腐肉的競爭者。

1. 擺好餐桌

老鼠死亡不久後，蒼蠅就會出現。蒼蠅會在老鼠屍體上產卵。（因為蒼蠅會在屍體上產卵，數百年前有些科學家還認為屍體會變成蒼蠅！）

3. 下車

抵達老鼠屍體後，蟎會從埋葬蟲身上爬下來。牠們有要務在身。

4. 殺掉競爭對手

蟎想吃蒼蠅的幼蟲！牠們會攻擊無法自我保護的卵及剛孵化的幼蟲。

2. 全員上車！

蒼蠅離開後，一對埋葬蟲抵達老鼠屍體旁（牠們從大老遠就聞到屍體的味道），背上載著一群飢腸轆轆的蟎。

5. 巨大的肉丸

如今埋葬蟲可以獨享整隻老鼠了。牠們把老鼠帶到地底，把屍體變成肉丸後，在上面產卵。成為埋葬蟲寶寶最棒的點心。

埋葬蟲幼蟲

石龍子與莿桐

The Skink and the Tree

諾羅尼亞石龍子和豆科植物木龍骨莿桐的關係既單純又驚人。這是**授粉**關係：
一種常見的合作關係，
由動物透過傳播花粉，
幫助植物繁殖。
但這隻石龍子是地球上
唯一的爬蟲類授粉者。

雙尾

有些人說這種石龍子有一雙尾巴，但真相其實更離奇：尾巴被抓到的時候，這種蜥蜴會斷尾逃走！有時候，斷掉尾巴的一部分還在，舊的尾巴旁邊會再長出新的尾巴。

吃得亂七八糟

石龍子把頭伸進花朵裡吃美味的花蜜,同時也被花粉覆蓋。造訪下一朵花時,會從身上掉些花粉,幫助花朵產生新的種子。

蜥蜴為什麼要爬到這麼高?

這隻石龍子只有 3 吋長(7 公分),但卻常常必須爬到近 40 呎(12 公尺)的樹上覓食。這就像是你必須爬上一座橋才能吃一頓早餐一樣!

31

小丑魚和海葵
The Clownfish and the Anemone

小丑魚吃剩的食物對海葵來說是最棒的點心。魚的碎屑就剛好掉進海葵的觸手裡。

有些人認為小丑魚可能是海葵捕食的誘餌,能吸引其他的魚類或螃蟹。

有毒的堡壘

每一個觸手都有微小的毒刺,會刺向經過的生物。這能保護小丑魚,潛在掠食者因為害怕海葵致命的刺而不敢靠近!

在熱帶淺海底部，
海葵提供小丑魚一個舒適的家，
還內建保全系統。而小丑魚付房租的方式
是透過幫助海葵呼吸、保護牠們不受蝶魚攻擊，
並提供海葵（有點奇怪的）食物。

小丑魚的糞便是最棒的肥料。這能幫助海葵生長。

如果蝶魚想要吃海葵，小丑魚會把蝶魚趕跑。

特殊盔甲

小丑魚不怕海葵的毒液。每隻小丑魚身上都有一層黏液，能保護小丑魚不會受到海葵觸手上如魚叉般的刺絲胞攻擊。隨著時間過去，海葵知道根本不用去攻擊牠身上色彩鮮豔的租客。

海葵觸手

黏膜

魚鱗

整夜開趴狂歡

夜晚來臨時，水中的含氧量降低，而海葵則需要更多水才能呼吸。小丑魚會整晚透過舞動來攪動水，確保海葵能得到足夠的氧氣。

賊鷗和海鸚

The Skua and the Puffin

北大西洋冰冷海面上空,有隻職業罪犯掃視空中,尋找潛在目標。這隻名為賊鷗的海鳥是**盜食寄生**的動物,也就是透過偷竊以存活的動物。

賊鷗很餓,想找新鮮的魚吃,而且想要輕鬆取得食物:賊鷗有高達 95% 的食物都是直接從其他鳥的口中奪取而來!

本日受害者

海鸚才剛抓到食物,但麻煩就要出現了。海鸚和其他許多海鳥都會受到賊鷗的脅迫。

以強勝弱

賊鷗俯衝而下，從海鸚嘴裡搶走魚。對於賊鷗竊取的行為，海鸚也不反抗。何苦冒險？海鸚的勝算不大——海鸚經過演化能抓魚，而賊鷗則經過演化，具有在空中爭奪打鬥的能力，可以殺掉並吃掉海鸚！海鸚的選擇很簡單：放棄一餐，或賭上性命。

逃走

賊鷗打劫成功並飛走。當牠餓了會立刻再策劃另一場搶案。所有的寄生生物都算是小偷，但很少有像賊鷗這樣如此明目張膽！

海螺和寄居蟹
The Snail and the Hermit Crab

有些殼真的太大了……

（還活著的）海螺

太擠了

有時候，寄居蟹會在較大的寄居蟹旁邊等待，希望能在大隻寄居蟹搬出去後，搬進新家。有時候，好幾隻寄居蟹會像跳康加舞一樣排成一列。

每隻寄居蟹的家都是二手屋。
這些甲殼動物的腹部柔軟脆弱，
沒有殼就不能存活。
牠們會尋找空的螺殼當作行動住宅，
而且總是在找更棒的新家：
隨著牠們越長越大，也需要更大的殼！

……有些則太破碎了！

替代的居所

尋覓好屋大不易，有時候寄居蟹會用垃圾（如塑膠瓶蓋或汽水罐）湊合著用。但人類的垃圾並不是合適的居所，牠們最好還是繼續尋找空殼。

訪花蜂和花朵 The Bees and the Flowers

當你看到訪花蜂嗡嗡飛過，
很難想像牠正在進行大自然最重要的其中一項任務——
但的確如此。訪花蜂成天到處訪花，
尋找可口的花蜜。牠們去到哪就為那裡的花**授粉**，
幫助植物繁殖。如果沒有訪花蜂，
你就無法享用餐盤上的各種食物：
這些生物幫助超過 90 種你所吃的作物授粉。

花朵往往顏色鮮豔，
好吸引訪花蜂等授粉者。

花粉會黏在訪花蜂毛茸茸的身體上。

如何授粉

授粉是開花植物的繁殖方式。訪花蜂授粉者採花蜜時，身上會不小心黏附花粉。再前往另一朵花時，又會無意間傳播花粉。如果花粉從一朵花的**花藥**傳播到另一朵花的雌蕊，便會受精形成種子——準備長成一株新的植物。

訪花蜂從花藥沾黏上花粉。

接著將花粉傳播到另一株植物的雌蕊上。

嚮蜜鴷和人類
The Honeyguide and the Humans

非洲有一種名為嚮蜜鴷的鳥，與人類合作無間。
嚮蜜鴷會引導人類找到蜂巢，人類則會把蜂類趕走，人和鳥都能享用蜂蜜。
有些科學家認為這種合作關係最早可以追溯到近兩萬年前！

往這邊走！

嚮蜜鴷會讓人類知道該往哪走，牠們會朝著蜂巢的方向飛，停下來並發出聲音，等待人類回應，然後重複同樣的模式。

獵蜜夥伴

若要合作，這兩種生物需要先找到彼此。任何一方都可以發起獵蜜行動：先由嚮蜜鴷找到蜂蜜，然後再告訴人類，或者是由飢腸轆轆的人類去找嚮蜜鴷幫忙尋蜜。

煙燻

如果你曾經被蜂螫過，你就知道人類無法倖免於蜂的攻擊。但是人類有嚮蜜鴷做不到的能力：用火！他們會拿著火焰靠近蜂巢，將蜂類燻走。

分享戰利品

人類對待嚮蜜鴷很公平——一旦拿到蜂巢，就會剝一些給這些鳥助手享用。難怪他們能合作這麼久！

蜘蛛蟹和海藻
The **Spider Crab** and the **Algae**

日本蜘蛛蟹和你在海灘上找到的螃蟹不一樣。
牠們的腳無敵長，從腳的一端到另一端長達 13 呎（4 公尺），
住在海底 2,000 呎（610 公尺）的深處！在深海裡，
危險的掠食者悄悄靠近，但牠們有一個秘密武器：**偽裝**！
這是能巧妙融入環境的能力。

既赤裸又害怕

在沒有偽裝的保護下，日本蜘蛛蟹就成了極度顯眼的獵物目標。亮紅色的身體在海底一片低調柔和的顏色中，顯得格格不入。

躲藏吧！蜘蛛蟹

在軍事中，士兵如果想要躲藏會穿上「吉利偽裝服」，通常是用當地的葉子和樹枝做成。日本蜘蛛蟹會做一模一樣的事情——只不過牠們用的是海藻！身上蓋滿這些小小植物後，蜘蛛蟹待在布滿海藻的岩石上就幾乎隱形了。蜘蛛蟹穿上隱形斗篷，保護自己不會被章魚等飢餓的掠食者發現，而海藻則得到行動房屋。

水豚和

水豚可以像一台**冰箱**那麼**重**！

牛霸鶲

The **Capybara** and the **Cattle Tyrant**

水豚或許是地球上最大的嚙齒類動物，
但這些龐大的動物卻需要被保護，才不會被
一群小怪獸攻擊。小小的牛虻想吸水豚的血，
唯一能阻止牠們攻擊的就是很兇、
專吃昆蟲的牛霸鶲。
對牛霸鶲來說，水豚是吸引牛虻的最佳誘餌。

敵人

牛虻是水豚的天敵，同時也是牛霸鶲的獵物，牠們要先經過一陣鳥嘴的狂暴攻擊後才能吸到水豚的血。

水中蛟龍

水豚看起來可能像是超巨大的天竺鼠，但其實牠們的游泳技術高超，可以憋氣長達五分鐘！

45

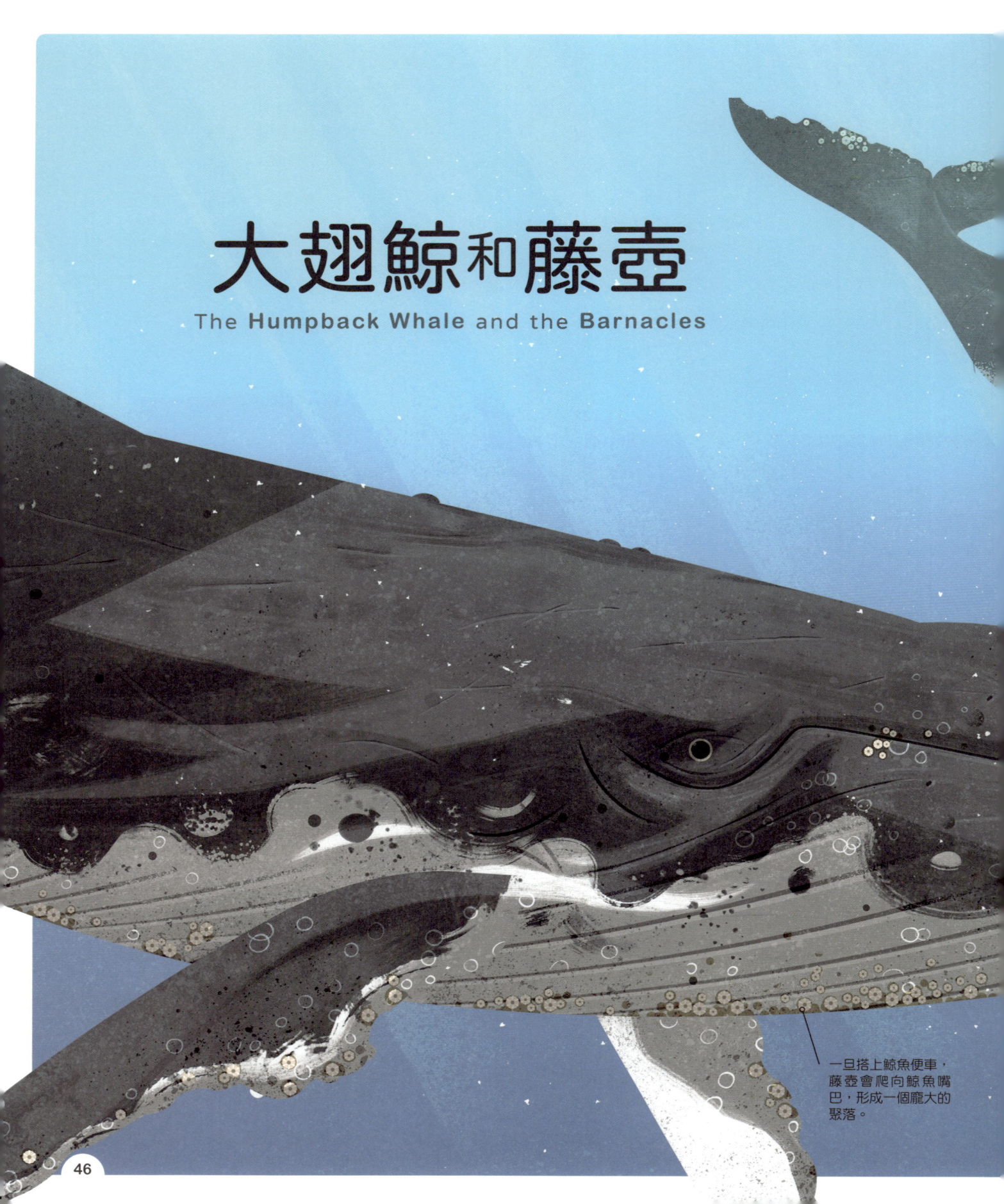

大翅鯨和藤壺
The Humpback Whale and the Barnacles

一旦搭上鯨魚便車，藤壺會爬向鯨魚嘴巴，形成一個龐大的聚落。

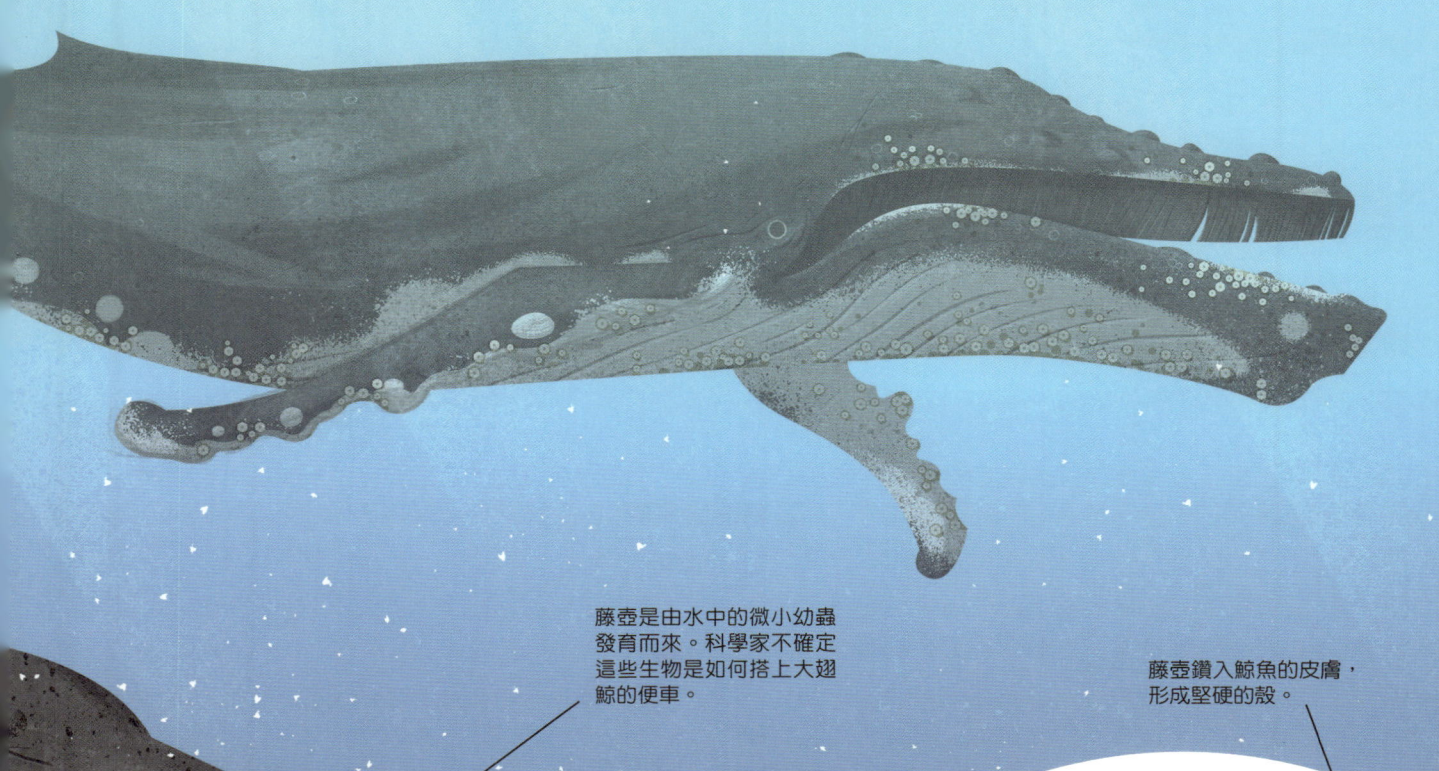

大翅鯨是海洋中的巨人，體型約有一輛校車那麼大。
就像校車一樣，這些鯨魚也常常載運乘客——而乘客就是藤壺！
藤壺會緊緊附在大翅鯨的身上，搭便車到海中最棒的覓食處。

藤壺是由水中的微小幼蟲發育而來。科學家不確定這些生物是如何搭上大翅鯨的便車。

藤壺鑽入鯨魚的皮膚，形成堅硬的殼。

對我有什麼好處？

大翅鯨游動的時候，藤壺會伸出羽毛般的附肢捕捉微小的浮游生物。大翅鯨能從這樣的關係中獲得什麼好處，我們並不清楚。藤壺甚至可能會讓大翅鯨的移動速度變慢。

螞蟻與真菌
The Ants and the Fungus

實際上，切葉蟻早在人類之前就創造了文明。
這些小小的昆蟲住在有高達
800 萬隻螞蟻的複雜蟻群中。
牠們居住的城市有房間、
通道和道路——還有真菌農場！
種植螞蟻食用的真菌需要團隊合作，
蟻群中的所有螞蟻都會參與。

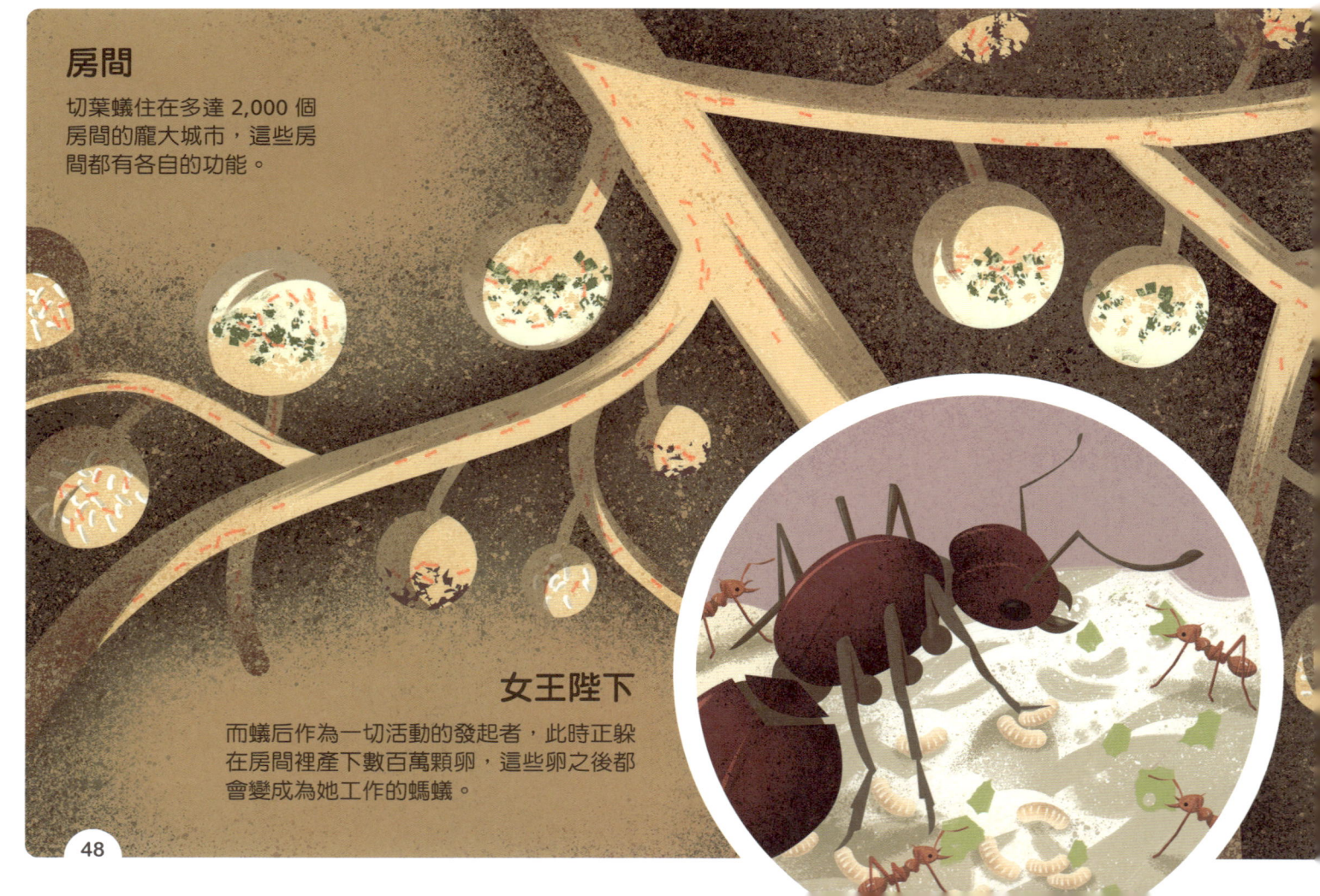

行軍
為了栽培真菌，螞蟻首先需要蒐集葉子。這些螞蟻在幾個小時之內就可以殲滅一棵樹。牠們奮力不懈地爬上又爬下樹枝，盡可能切下能搬運得走的樹葉。

房間
切葉蟻住在多達 2,000 個房間的龐大城市，這些房間都有各自的功能。

女王陛下
而蟻后作為一切活動的發起者，此時正躲在房間裡產下數百萬顆卵，這些卵之後都會變成為她工作的螞蟻。

48

條條道路通蟻窩

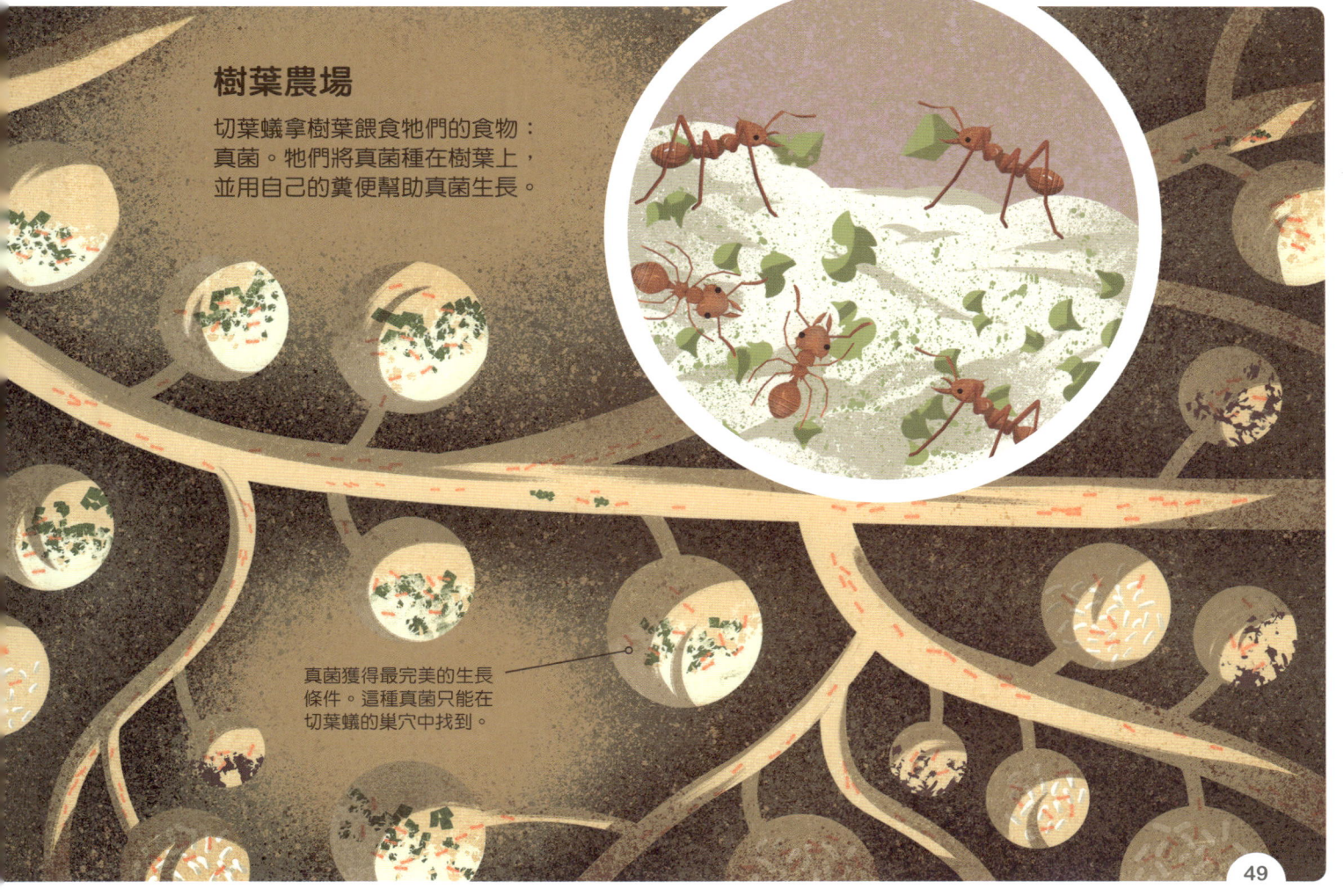

這些螞蟻會鋪路。牠們會清出往返家園的路徑，維持道路暢通，並保護不受到掠食者破壞。這些道路讓搬樹葉回家的工作變得更容易。

樹葉農場

切葉蟻拿樹葉餵食牠們的食物：真菌。牠們將真菌種在樹葉上，並用自己的糞便幫助真菌生長。

真菌獲得最完美的生長條件。這種真菌只能在切葉蟻的巢穴中找到。

49

螯蝦和蛭蚓
The Crayfish and the Worms

螯蝦不只是動物——還是一整個棲息地！
螯蝦的身上、鰓裡面，
甚至是傷口裡都是群聚的蛭蚓（branchiobdellida，
很難發音吧）。這種小生物會得到食物與庇護所，
但牠們會做什麼回報螯蝦嗎？
科學家還不確定——來看看一些證據。

深呼吸

螯蝦用來呼吸的鰓是蛭蚓最佳的巢穴。有些科學家認為蛭蚓會吃鰓裡面的微小有機質和碎屑，清理的同時也幫助螯蝦更容易呼吸。

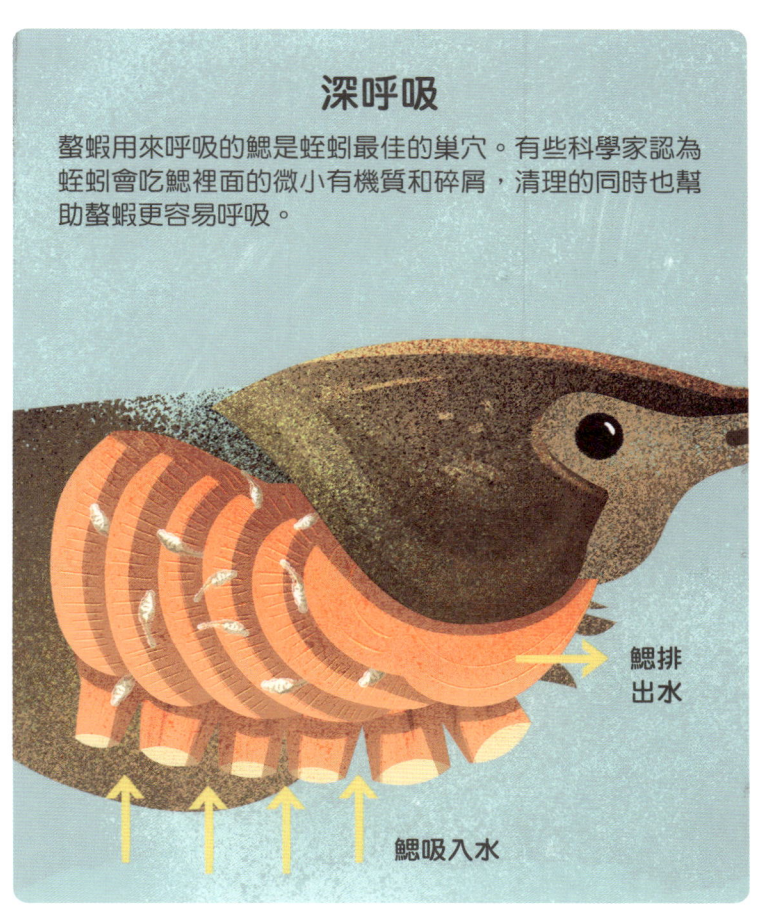

→ 鰓排出水

↑ ↑ ↑ ↑ 鰓吸入水

迷你生物

蛭蚓是沒有螯蝦就活不下去的小生物。這些迷你的生物和水蛭是近親。下圖的蛭蚓比實際還要大許多——其中有些比「..」這個黑點還要小。

受傷的動物

其他研究人員指出，蛭蚓喜歡住在螯蝦的開放性傷口裡。有時候會吃螯蝦的肉，導致傷口更難癒合。你覺得蛭蚓對宿主螯蝦究竟是有益或有害呢？

51

象鮋 The Elephant Shrew and the Lily
和塔玉鳳

象鮋是來自非洲的小型哺乳動物，
和塔玉鳳有著特別的關係。
象鮋是塔玉鳳的主要授粉者，
而塔玉鳳則提供象鮋全世界牠最喜歡的食物。

鮋鼱或大象？

象鮋因為如象鼻的長鼻而得名。
恰好，後來科學家發現這種長得
像鮋鼱的生物完全不是鮋鼱——
其實和大象的親緣關係更接近！

公平交換

當象鼩伸進去吃牠最喜歡的點心——塔玉鳳的花蜜——花粉會黏在鼻子上。象鼩會帶著花粉到牠找到的下一株植物上，在過程中為植物授粉，植物因此得以形成種子。意味著這種哺乳動物和植物雙方都從彼此的關係中受惠。

菜單上最棒的餐點

科學家曾試著找出象鼩偏好的食物，提供水、花生醬、蘋果，但象鼩總是會選擇塔玉鳳。

塔玉鳳

蘋果

花生醬

水

巨型管蟲和細菌
The Giant Tube Worm and the Bacteria

在海洋底部,陽光無法照射的深處,
有兩個長得像外星人的生物要仰賴彼此才能飽餐一頓。
長得很怪的巨型管蟲沒有嘴巴或任何消化食物的方式,
所以牠和住在身體裡的微小細菌合作,創造兩者生存都需要的能量。

巨型管蟲在海床上接近沸點的熱泉噴口生長。這些經過地熱加熱的熱泉噴口能提供細菌所需的營養。

一人吃兩人補

巨型管蟲用羽狀鰓從大海中蒐集養分，然後將這些養分傳送給細菌，細菌再製造出食物給管蟲。細菌獲得了生長及繁殖的環境，還有源源不絕的食物！

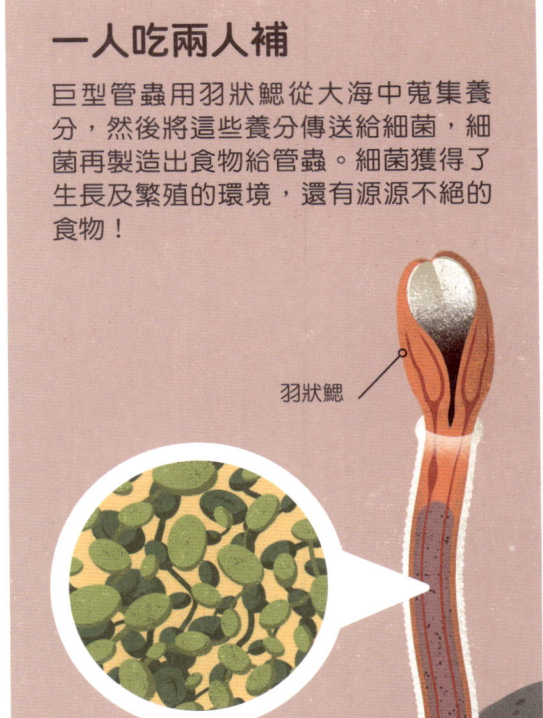

羽狀鰓

細菌

健康飲食

細菌做得很棒，管蟲可以長到籃球框那麼高！

55

人類和頭蝨
The Human and the Head Lice

警告：讀這篇會讓你覺得頭癢！
頭蝨是一種微小的昆蟲，經過演化變得會吸食人類的血維生。
牠們也會在你的頭髮產下卵，直接從你的頭皮吸血。
這張圖看起來可能像是茂密的叢林，但這些「樹木」其實是頭髮！
如果你有頭蝨，你的頭頂近距離看起來就會是這個樣子。

每十個小孩就有一個有**頭蝨**。

頭蝨沒有翅膀，也無法跳動。這代表牠們需要你不小心從其他人那裡感染頭蝨。

就算是大顆的卵也比一粒沙還要小。想找到，真的要祝你好運！

石斑魚和章魚
The Grouper and the Octopus

這兩種動物感覺不像是朋友，
但章魚和石斑魚卻有共同的興趣，牠們都喜歡吃魚。
基於這一點點的共通點，令人聞之喪膽的狩獵團隊於焉誕生。

1. 四處查看
章魚和石斑魚會在附近巡視，
在海底搜尋潛在的獵物。

2. 來看看吧
石斑魚發現躲在暗礁下的魚之後，將身體擺成箭頭的姿勢，告訴章魚這個情報。石斑魚會將吻鼻部直接指向獵物。

3. 把獵物逼出來

石斑魚或許有辦法在沒有手臂的狀況下指出獵物，但卻需要章魚朋友的幫忙才能伸進縫隙中。章魚將觸手伸進暗礁的所有空隙，直到魚被嚇跑出來。誰先抓到，誰就能吃掉獵物！

彩蝠 和豬籠草

The Woolly Bat and the Pitcher Plant

豬籠草原本演化出能設陷阱捕捉、
殺死並消化毫無戒心的動物。
這是一種**食肉**植物,透過香氣吸引獵物,
並讓獵物溺死在其消化液中。
但這個特殊的物種又演化出
更平和的策略——
而這全都和一隻愛睏的蝙蝠有關。

是時候打個盹

大部分的豬籠草都希望用甜甜的花蜜吸引獵物，但這株則是主打一夜好眠。這種豬籠草提供舒服的歇息空間，對蝙蝠來說大小剛剛好，可以舒服地睡上一覺。

住宿加早餐

蝙蝠在睡覺時排便（對，你沒聽錯），糞便就掉進豬籠草的消化液裡。似乎不是什麼美味的食物，但卻能提供豬籠草生長所需的必要營養。蝙蝠有家可睡，豬籠草有早餐可以吃！

蝙蝠糞便

海膽被扛著到處走的時候，海裡隨處都漂浮著可以吃的食物。

掠食者看到棘刺後，決定不要攻擊螃蟹。

人面蟹用前面四隻腳站著，用後面四隻腳扛東西。（這相當於螃蟹版的倒立。）

人面蟹和海膽
The Carrier Crab and the Urchin

你是否有一頂你很愛的帽子？
一頂無論你去哪都想戴著的帽子？對人面蟹來說，
牠最愛的這頂帽子就是海膽。
這是人面蟹在危險的深海中唯一能自我防禦的武器。
人面蟹頭頂扛著這隻多刺又有毒的動物，
確保掠食者不來攻擊。但人面蟹不是唯一
因為這不尋常關係而受惠的動物──
海膽也把人面蟹當作一種交通工具，像騎馬一樣。

旅途平安

有時候，會看到人面蟹背上的海膽有小魚在棘刺間游來游去。這些小魚運氣超好的──牠們受到海膽棘刺的保護，卻又不用扛著海膽！

斑馬
和牛羚

The Zebra and the Wildebeest

斑馬啃光草葉的末端……

每年，有超過上百萬隻牛羚和
數以千計的斑馬在非洲的坦尚尼亞和
肯亞間移動覓食。在移動的過程中，
斑馬和牛羚常常一起行動。雖然同樣都吃草，
這兩種動物卻不是競爭對手——
牠們吃的是草的不同部分。
斑馬吃草葉的末端，
牛羚則吃草葉的基部！

……牛羚則吃剩
下的部分。

杜鵑鳥和葦鶯
The Cuckoo and the Reed Warbler

奸詐的杜鵑鳥會將蛋產在其他鳥的巢裡，像是葦鶯，讓其他的鳥幫牠養自己的幼鳥。這是不用負責任的育兒方式！

1. 嚇跑策略
首先，杜鵑鳥假裝是掠食者，把葦鶯從鳥巢嚇走。

2. 一顆壞蛋
葦鶯被嚇跑後，杜鵑鳥將自己的蛋產在葦鶯的鳥巢中。這顆蛋長得有點像葦鶯的蛋——這樣新加入的蛋就比較不會被注意到。

3. 手足相爭
杜鵑鳥的蛋會比葦鶯蛋更早孵化。杜鵑鳥寶寶把其他鳥蛋都擠出去，確保能獲得養父母所有的注意力。

喬裝大師

杜鵑成鳥不大有害，但卻有很可怕的服裝。條紋狀的腹部讓牠看起來像是專門掠食鳥類的雀鷹。

杜鵑鳥

雀鷹

4. 大寶寶

葦鶯的親鳥固定餵食杜鵑幼鳥。牠搶走整個鳥巢的食物，長得非常巨大——往往比養父母還大隻。杜鵑鳥的親鳥連根手指都不用動（或者說是翅膀！），計畫就成功了。

蜂鳥每天可以造訪幾千朵花。

蜂鳥和花朵
The Hummingbirds and the Flowers

蜂鳥不僅能在空中懸停，還能倒退飛。

迷你小鳥

地球上體型最小的鳥是吸蜜蜂鳥。吸蜜蜂鳥成鳥僅約 2 吋（5公分）長。可以輕鬆棲在鉛筆上！

為工作而生的舌頭

蜂鳥的長鳥喙和超長舌頭都得天獨厚，讓蜂鳥能深入花朵吸取花蜜。蜂鳥喝花蜜的速度是每秒吸 14 次——這種鳥做什麼都很快。

有些蜂鳥的翅膀每秒鐘拍 80 次！

蜂鳥是鳥中之蜂。這些授粉者訪過一朵又一朵的花，用吸管般的舌頭吸食花蜜。在過程中身上會黏附花粉，然後再傳播到下一朵花上。花朵盡力用鮮豔的顏色和甜滋滋的花蜜吸引蜂鳥。

有些蜂鳥的舌頭比自己的體長還要長。平時會將舌頭捲起，藏在蜂鳥的頭部裡。

裸胸鯙與裂唇魚
The Eel and the Wrasse

裸胸鯙大概是暗礁上最險惡的掠食者——
但卻願意讓小魚毫髮無損地進出自己的嘴巴。
為什麼牠會如此寬待小魚？而這些小小的裂唇魚清潔工又在「想什麼」？
這些小魚其實經營著裸胸鯙清潔公司。
裂唇魚清潔工會吃裸胸鯙的寄生蟲，吃到清潔溜溜。
裸胸鯙被清理乾淨，而裂唇魚則飽餐一頓。

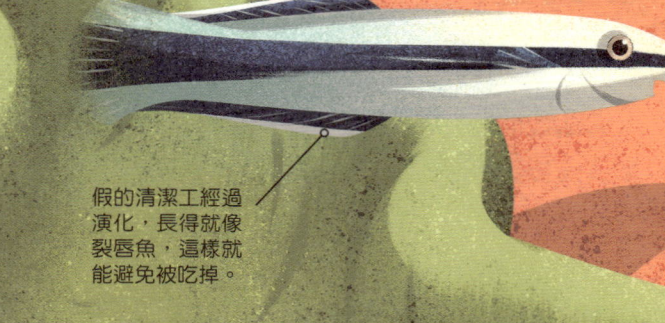

假的清潔工經過演化，長得就像裂唇魚，這樣就能避免被吃掉。

不忠誠的顧客

裸胸鯙非常享受裂唇魚清潔工的幫助，但對其服務卻沒有忠誠度可言。如果有另一種動物——像是蝦子清潔工——願意用同樣的報酬做同樣的工作，裸胸鯙立刻就會答應接受其他動物的清潔服務。

疣豬和狐獴

The Warthog and the Mongooses

疣豬遇到一個問題：身上到處都是會讓牠們癢到不行的吸血小蝨子！
牠們的偶蹄和巨大的獠牙讓牠們無法自己弄掉身上的小蝨子，
所以牠們會去找狐獴。狐獴是非洲最強的驅蟲達人。疣豬只要躺下來，
其他就交給狐獴。狐獴會把疣豬的皮膚清除乾淨，直到吃光最後一隻蝨子。
這個治療過程還蠻放鬆的──有時候疣豬還會睡著。
狐獴得到免費點心，疣豬則得到良好照顧。

饅頭果細蛾和饅頭果
The **Leafflower Moth** and the Tree

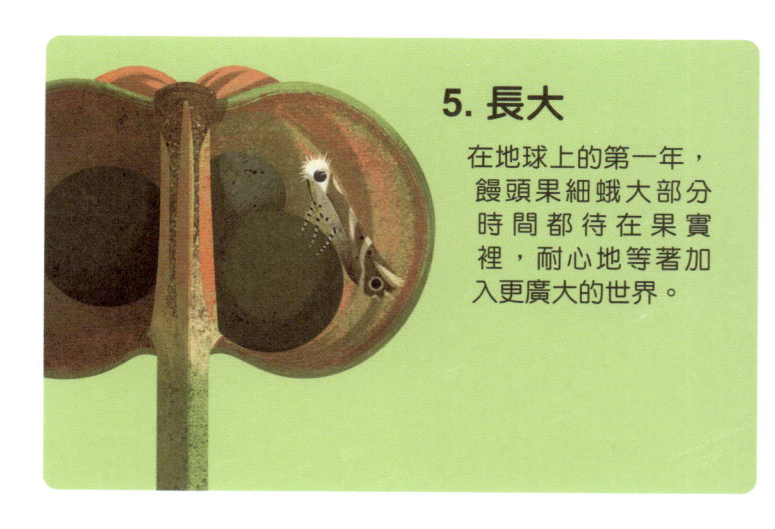

1. 香甜味道
首先饅頭果的花朵會用香甜的味道吸引饅頭果細蛾的雌蛾。

2. 蒐集花粉
饅頭果細蛾降落吸食花蜜的同時，也搜集了花粉。牠會將這些花粉帶到其他花朵，藉機授粉。

3. 產卵
當饅頭果細蛾找到一朵合適的花之後，會在花上產卵。花朵接著長成果實，卵就包在裡面！

4. 變態
卵在果實裡孵化，幼蟲會吃掉種子。接著幼蟲會開始**變態**——經過這個過程後發育為成蟲。

5. 長大
在地球上的第一年，饅頭果細蛾大部分時間都待在果實裡，耐心地等著加入更廣大的世界。

這是授粉的合作關係——但有點不一樣！
饅頭果細蛾會為饅頭果授粉，但牠跟這本書裡的其他授粉者不一樣，
從中得到的好處不只是食物……

發育為成蟲後，自由的饅頭果細蛾準備好重複同樣的循環！

果實會在三月開裂。

6. 離家

困在果實裡好幾個月之後，果實成熟並開裂。饅頭果細蛾終於自由了！

吸血蝙蝠與豬
The Vampire Bats and the Pigs

吸血蝙蝠一如其名，靠著其他動物的血液維生。
在過去幾千年來，農場裡的動物都是牠們最愛的食物。
豬主要是由人類豢養，體型龐大、行動緩慢又無自保能力——
而且都養在一個很方便的地方——豬成為吸血蝙蝠最完美的獵物。
牠們在夜裡偷偷潛入，從睡夢中的豬身上吸食血液。

我想吸你的血！

但不完全如此。吸血蝙蝠不會從受害者身上吸血，而是用極銳利的牙齒咬破動物皮膚，再用舌頭舔食血液。

德古拉伯爵或羅賓漢？

你可能不覺得吸血鬼很慷慨，但這些吸血鬼卻非常大方！如果一隻吸血蝙蝠注意到另一隻蝙蝠看起來有點瘦弱，會反芻（將食物倒流回來）一些舔食的血液給朋友。

77

斑蚊和粉蝶蘭
The Mosquito and the Orchid

你可能覺得蚊子只是害蟲——
一隻決心毀掉人類每次去森林散步的迷你吸血鬼。
但當牠們沒有在人類耳邊嗡嗡作響時，
安地斯斑蚊其他時間都在幫植物授粉，像是粉蝶蘭。

好蚊子

蚊子因為會傳播疾病而惡名昭彰，但講到吸血這塊，牠們並沒有看起來那麼壞。雌蚊偶爾才會吸血，而且只是用來餵食幼蚊。雄蚊則完全不吸血。

蘭花香水

安地斯斑蚊並不挑食，但牠們的確有偏好的食物。當牠們聞到粉蝶蘭的香味時，會像趨光的飛蛾一樣受到香味吸引！

花粉帽

粉蝶蘭發展出讓授粉更有效的好笑方法。粉蝶蘭的花朵形狀特殊,當安地斯斑蚊傾身吸花蜜時,一小團花粉會掉在牠們的頭上,看起來就像是戴著小小的帽子!誰能想到蚊子也可以這麼可愛呢?

安地斯斑蚊低頭進入花朵時,頭上的花粉會因為摩擦掉落,進而為植物授粉。

鬼蝠魟和鮣魚
The Manta Ray and the Remoras

鬼蝠魟有著巨大的翅，
看起來就像是一架水下噴射機。這架海中客機
載著一大群名為鮣魚的乘客在大海中遨遊。
除了搭免費便車，
這群乘客對於機上餐點也很期待——
牠們會吃從鬼蝠魟皮膚上掉落的寄生蟲。

繫緊安全帶

鮣魚的頭就有如吸盤。牠會將扁平的頭緊壓在鬼蝠魟身上，就像是浴室玩具吸在浴缸壁上一樣。科學家從鮣魚獲得靈感，製作了吸力超強的機器人！

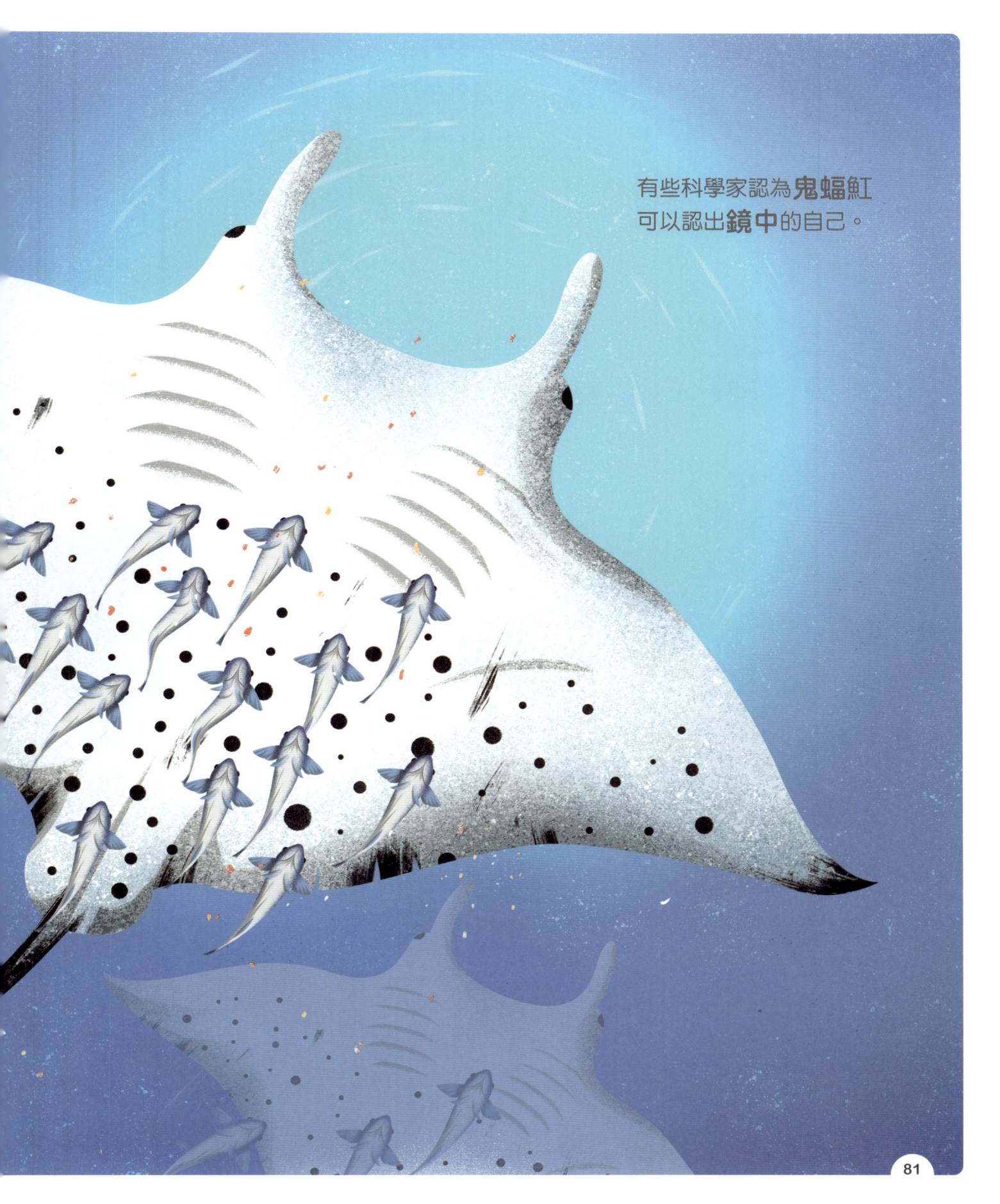

有些科學家認為**鬼蝠魟**可以認出**鏡中**的自己。

鳥和樹
The Birds and the Trees

在鳥類的世界中，
樹是建地，同時也是建材。
世界上大部分的鳥都把鳥巢蓋在樹上，
用牠們從樹木得到的材料築巢。
沒有鳥，樹也可以過得很好，
但大部分的鳥類都仰賴牠們的樹木朋友。

編織而成的家
黃胸織巢鳥用草編織鳥巢，並將鳥巢掛在樹枝上。雄鳥藉此吸引女朋友注意！

巨大的鳥
白頭海鵰的鳥巢大到人類也可以進去睡。這些樹枝平台常常超過 100 呎（30 公尺）高。

小小鳥巢
如果你讀過第 68 至 69 頁的內容，那麼你對於世界上最小的鳥巢是由世界上最小的吸蜜蜂鳥築成的，可能就不會感到意外。這個鳥巢只有 1 吋（3 公分）寬。

鳥公寓

這是大自然中最像公寓的構造。多達 100 隻社會織巢鳥一起打造出這個有多間公寓的鳥巢，每對鳥住在一間兩房的家。

這間公寓的諸多住戶之一。

灶鳥

灶鳥科的棕灶鳥仔細地用泥土和糞便打造自己的巢。完成後會讓鳥巢在太陽下曬乾變硬，就像是黏土一樣。

長尾縫葉鶯

黃胸織巢鳥喜歡編織，長尾縫葉鶯則偏好縫紉。這種鳥會用蜘蛛網當作線，縫出樹葉做成的鳥巢。

83

藍灰蝶和紅火蟻
The Large Blue and the Red Ant

藍灰蝶會騙一整個蟻群幫牠養幼蟲。
如果想了解牠的計策的話，
要仔細讀這篇——這隻昆蟲真的是策劃大師！

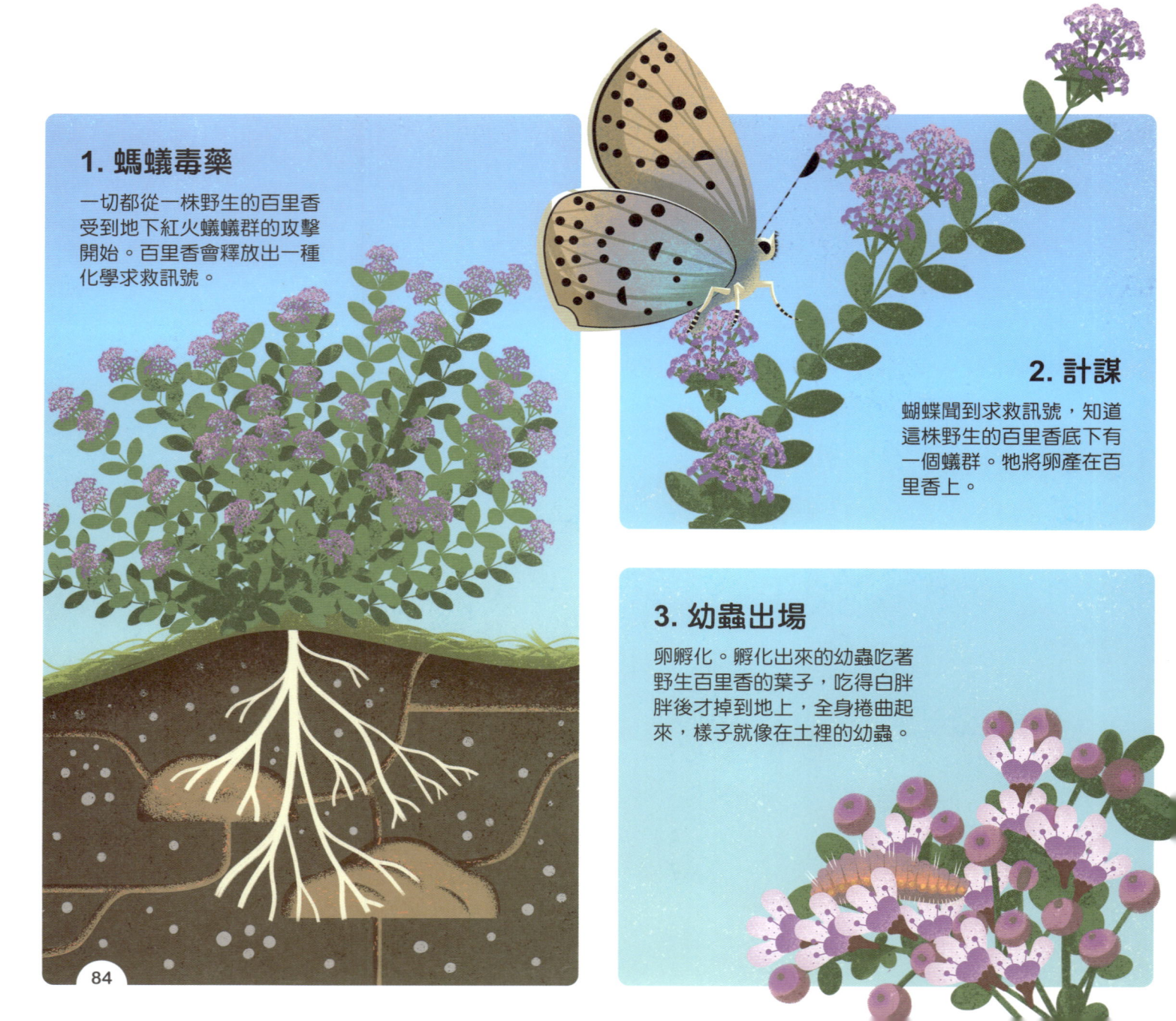

1. 螞蟻毒藥

一切都從一株野生的百里香受到地下紅火蟻蟻群的攻擊開始。百里香會釋放出一種化學求救訊號。

2. 計謀

蝴蝶聞到求救訊號，知道這株野生的百里香底下有一個蟻群。牠將卵產在百里香上。

3. 幼蟲出場

卵孵化。孵化出來的幼蟲吃著野生百里香的葉子，吃得白胖胖後才掉到地上，全身捲曲起來，樣子就像在土裡的幼蟲。

4. 身分誤認

最後，當地一隻螞蟻經過，誤以為嬌小的藍灰蝶幼蟲是自己的。牠以為這隻幼蟲不小心從蟻群跑走。牠將幼蟲帶回家，放進巢穴中。藍灰蝶的計策成功了！這時，幼蟲也會分泌一點甜甜的液體讓螞蟻喝。

5. 叛徒

進入巢穴後，藍灰蝶幼蟲開始發出咯咯聲——模仿蟻后來換取螞蟻的信任。同時，藍灰蝶幼蟲開始吃螞蟻的幼蟲！（螞蟻對於這種食蟻行為覺得稀鬆平常——真正的蟻后有時候也會吃自己的後代。）

6. 任務達成

藍灰蝶幼蟲長成原來大小的 50 倍大，才羽化為蝴蝶。接著展開雙翅飛走，嗅尋下一個求救訊號來重複這樣的循環。

林鼠和擬蠍
The Pack Rat and the Pseudoscorpion

在北美洲野外，林鼠到處嬉戲玩樂的同時，
背上則有個小傢伙搭便車——擬蠍。
許多科學家都認為這是一種**片利共生**的關係，
也就是一種動物（擬蠍）受惠，
另一種動物（林鼠）沒有得到好處，但也沒有壞處。

小小乘客

擬蠍只比沙粒還要大一點。擬蠍的體型這麼小，無法自己去到太遠的地方，所以需要搭林鼠的便車。有人認為，擬蠍付車資的方式是吃掉林鼠身上的寄生蟲。

室友

擬蠍不只能搭便車，還得到一個很棒的家！林鼠常常會帶乘客回家，保護乘客不受惡劣天氣影響，也不會被危險的掠食者攻擊。

可怕的品味

林鼠帶回家的不只是擬蠍而已。牠們喜歡裝飾自己的巢穴，有時候會拿人類的垃圾來用，還把垃圾當作寶貝一樣。這些小小的嚙齒動物特別喜歡閃亮的東西，像是鋁箔紙。

灰狼和鬣狗
The Wolves and the Hyena

經典線索

科學家發現鬣狗和灰狼的足跡一起出現，因而證實了兩者的關係。研究人員之所以知道這兩種動物一起行動，是因為牠們的足跡重疊。

本書中最神秘的就是這兩種動物的關係。
只有兩項證據顯示這樣的關係存在，但沒有人知道本質為何。
我們只知道這兩種掠食動物——鬣狗和灰狼——一度和平共處。
以色列的科學家曾紀錄到一隻鬣狗和一群灰狼共同生活。
牠們為何會一起合作，以及牠們如何彼此幫助，至今仍沒有人知道。

僅此一次？

這樣的關係只有被看到過一次。以上的足跡和親眼見證的紀錄很可能都是同樣的某段特殊友誼。這兩種物種可能從來都沒有合作過，未來也可能不會發生⋯⋯

蟹蛛和花

The Crab Spiders and the Flowers

不同種的蟹蛛經過演化，能完美地和不同顏色的花朵融合。
牠們埋伏等待昆蟲訪花，接著突襲。乍看之下似乎不大像是友誼——
感覺蟹蛛是在破壞大自然最正向的一段關係！
如果蜘蛛攻擊了所有來訪的授粉者，
花朵又該如何繁殖？但在我們下定論之前，先來仔細看看。

毫無幫助

有時候，蟹蛛會吃掉正在為花朵授粉的蜂類。顯然，這對除了蜘蛛之外的其他所有動物都是損失。蜂死了，花也沒有被授粉——只有蜘蛛飽餐一頓。

發出警報！

噢不！一隻毛毛蟲正在吃花瓣，對植物造成嚴重損害。需要蟹蛛的時候，蟹蛛又在哪呢？花會釋放出一種化學物質作為求救警訊。

蟹蛛的贖罪

附近的蟹蛛察覺到花朵正面臨危險——花釋放的求救訊號就是蟹蛛的晚餐訊號。蟹蛛爬上那株植物，吃掉毛毛蟲，避免植物遭受進一步的損害。蟹蛛救援成功！

人類與狗
The Human and the Dogs

以工換宿

過去，狗主要為人類勞動，牠們被用來狩獵或拉雪橇。雖然狗獲得食物與庇護，但人類得到的好處更多。從演化的角度看來，這段關係是**互利共生**，意思是說透過合作，兩種物種都能改善生存與繁衍的機會。

很久很久以前，狗是從野生的灰狼所馴化而來。
幾千年來，牠們與人類密切合作，但隨著時間過去，
這兩種物種的關係也改變了。
狗從努力的勞工變成了備受疼愛的寵物。

寄生寵物

你可能不會把你的毛小孩和水蛭、蚊子等寄生蟲歸成一類，但現在的狗從人類獲得好處，卻沒有提供任何回報。（這是從演化的角度來看——沒有包括舔拭和擁抱。）因此，這是一段**寄生**關係。狗在人類的幫助下得以存活、繁衍，而人類則須為此付出代價。

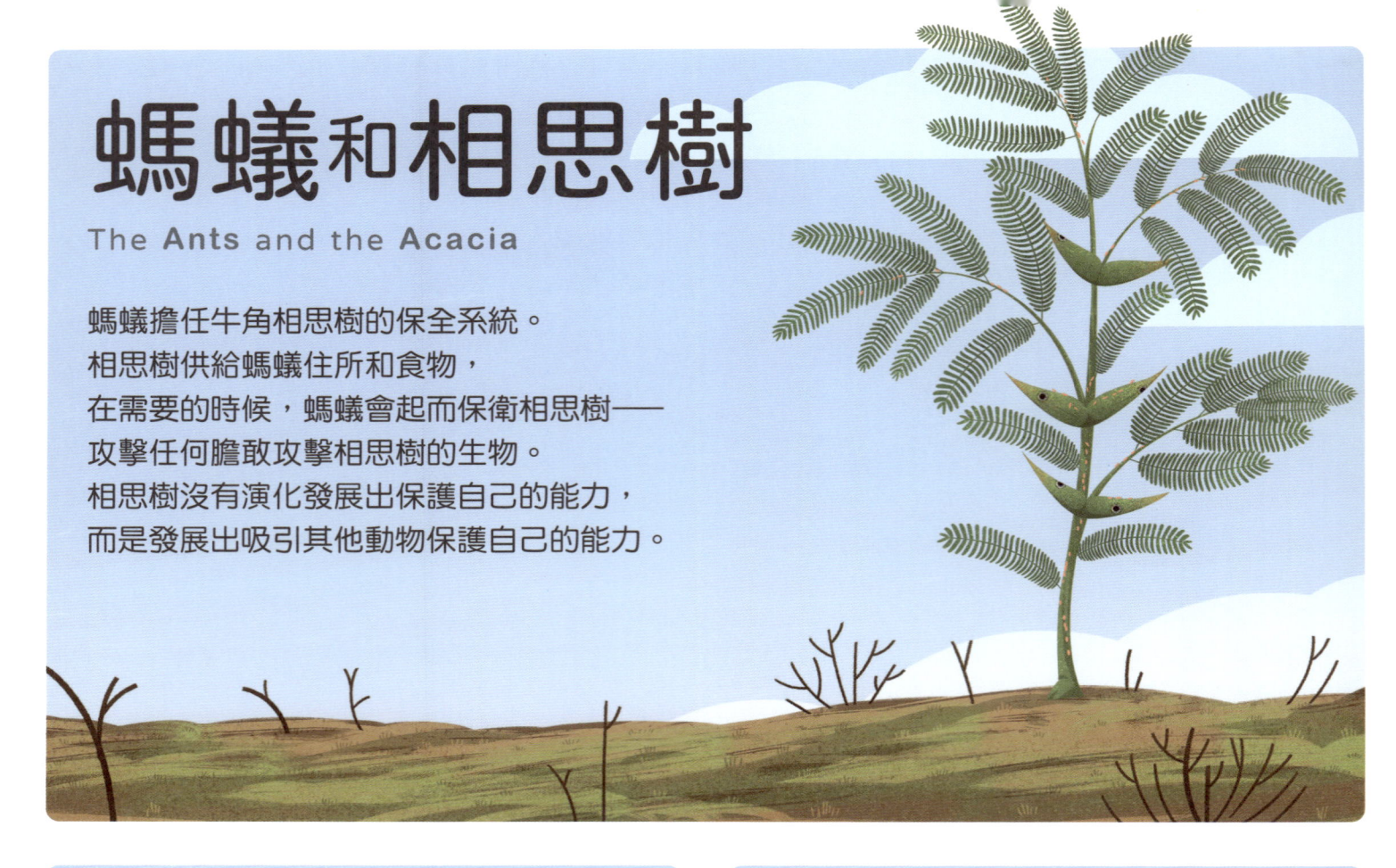

螞蟻和相思樹
The Ants and the Acacia

螞蟻擔任牛角相思樹的保全系統。
相思樹供給螞蟻住所和食物，
在需要的時候，螞蟻會起而保衛相思樹——
攻擊任何膽敢攻擊相思樹的生物。
相思樹沒有演化發展出保護自己的能力，
而是發展出吸引其他動物保護自己的能力。

敢吃就來

很多動物都會想吃吃看相思樹美味的葉子——很多試完就後悔了。不管這外來的威脅有多龐大，螞蟻都會盡可能兇猛地咬敵人，直到對方放棄。

守衛昆蟲

這些螞蟻也很樂意攻擊那些和自己體型同樣大小的動物。如果有隻飢餓的毛毛蟲爬上螞蟻深愛的這株植物，牠們會非常樂於給毛毛蟲上一課，讓對方不敢再侵犯相思樹。

能量飲

保護樹木是會讓人很渴的工作。幸好，相思樹會一直滲出樹液，這是大自然的能量甜飲。

媽蟻的家

牛角相思樹蟻住在相思樹巨大的尖刺裡。這代表下班的螞蟻守衛（和牠們的幼蟲）可以獲得安全的住所。對於這些好鬥易怒的昆蟲來說，沒有比這個更好的住所了。

螞蟻透過費洛蒙進行溝通——費洛蒙是牠們透過觸角、口器、足接收到的味道。

尖刺的味道很噁心，能防止掠食者啃咬入侵。

貝氏體

為了報答螞蟻，相思樹演化出一種專為螞蟻分泌的物質：貝氏體。這些充滿脂肪和蛋白質的美味囊泡是從每片樹葉的尖端分泌出來，專供螞蟻食用。

啄木鳥與仙人掌
The Woodpeckers and the Cactus

不宜居住家

你不想住在仙人掌裡的原因,恰好就是吉拉啄木鳥等不及要搬進去的原因。仙人掌上的刺蠻不友善的,但這些啄木鳥也不想有別的動物來作伴——牠們住在這個多刺的堡壘裡很開心,如此一來掠食者就無法拿到牠們珍貴的蛋。

昆蟲獵人

啄木鳥夫婦搬進巨人柱仙人掌時,的確會造成損壞——牠們會在仙人掌側邊啄出一個洞。但卻能保護仙人掌不致淪落到更糟的處境。仙人掌常常有被蟲感染的風險,但這些蟲卻成了啄木鳥最棒的點心。

你可能心想仙人掌不會希望有鳥類租客——
仙人掌上的刺就是最終極的「無空房」標誌。
雖然啄木鳥搬進來會傷害到仙人掌，
不過啄木鳥會用整座沙漠裡最棒的殲滅害蟲服務來支付房租。

人類和玉米
The Human and the Corn

在人類開始運用玉米之前,這種植物並沒有什麼特別的,
這是一種僅限在中美洲出現的禾本科植物。
結果,在人類開始種植玉米的幾千年後,
玉米已經成為地球上最成功的植物之一!玉米被傳播到北美洲、非洲、
亞洲、南美洲、歐洲,全球種植面積超過三億五千萬英畝。

人類為了自己而種

當然，人類並不是為了讓玉米成為稱霸世界的作物而在全球各地大肆種植玉米。我們之所以在地球各個角落種植玉米，是為了進行各種事情——包括用來餵食農場裡的動物、將玉米轉化為能源、整根玉米拿來吃，還有做成早餐穀片！

人類發明了像是聯合收割機等機器來採收玉米。

松鼠與橡樹

The Squirrel and the Oak Tree

大家都知道松鼠喜歡橡實，
但其實橡實也喜歡松鼠！
松鼠喜歡把橡實埋在秘密的地點，
為冬天儲存糧食──
這些是緊急情況下最棒的點心。
但是松鼠只會記得牠們把「某些」
橡實放在哪，
於是便不小心種了許多橡樹。

留著備用

秋天時，松鼠從橡樹蒐集美味的橡實。牠們到處埋下橡實，牠們知道當冬天沒有什麼東西可以吃的時候，會需要這些橡實。

還好你忘記了！

當冬天來臨時，松鼠不會總記得牠們把食物藏在哪裡。松鼠忘記挖出來的橡實比例高達74%！（考量到牠們埋了數千顆橡實，光是能記得這麼多就已經蠻驚人的。）

生命的循環

明年，一顆被遺忘的橡實將會長成一株橡樹苗。等到這株樹苗長成大樹，接下來幾百年將會為當地松鼠提供需要的食物。而松鼠又會因為健忘而意外種下更多橡樹。

穴龜 The Tortoise and the Beetle
與糞金龜

穴龜很慶幸家裡就有僕人。
有一種小型甲蟲住在穴龜的巢洞裡，
還會吃穴龜的糞便！聽起來很奇怪，
但對雙方都有好處：
穴龜不用擔心會踩到自己的糞便，
或是有寄生蟲住在堆積的糞便裡。
而糞金龜則得到美味的一餐
（嗯，牠是這麼認為啦）。
這兩種動物的關係很特別，
但並非獨一無二——穴龜
擁有很棒的窩，
數百種不同的動物都因此受惠。

我們可以從穴龜的巢洞裡發現許多其他動物，但最常見的就是這種糞金龜。牠和穴龜的關係緊密，因此名為穴龜糞金龜。

歡迎光臨穴龜旅店

由於穴龜挖的地道非常棒，各種動物都想搬進來。目前已發現穴龜和其他數百種物種住在一起，包括蛇、臭鼬、青蛙和貓頭鷹！

佛羅里達穴鴞

蟋蟀

穴居牛蛙

102

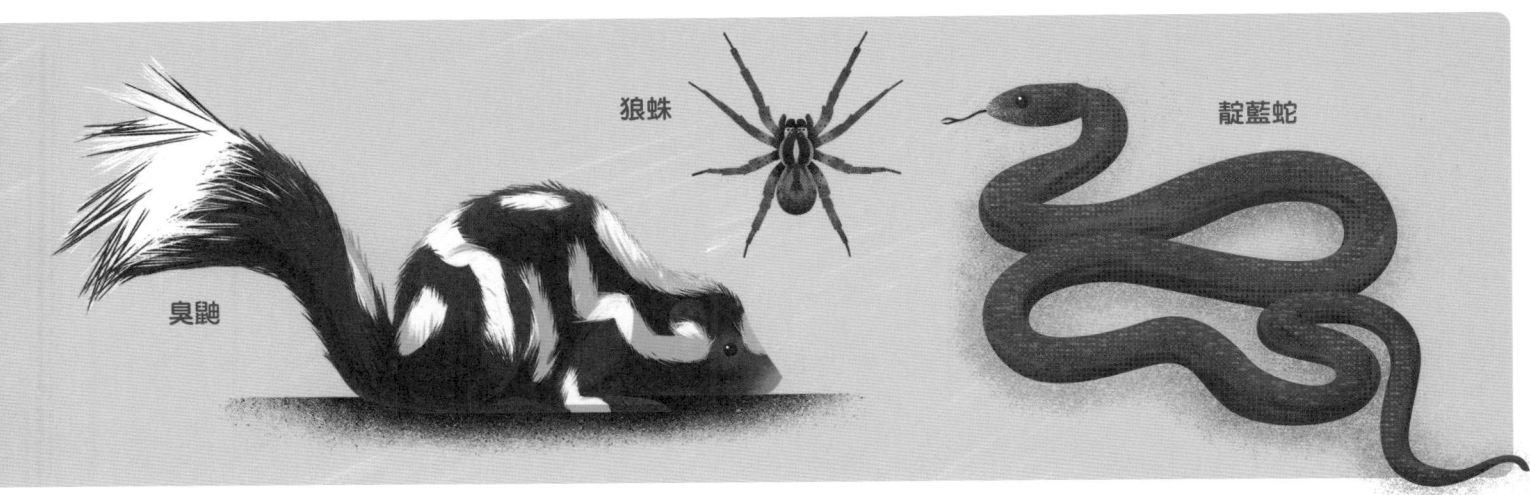

雖然穴龜的身長很少超過 1 呎（30 公分），卻能挖出長達 5 呎（4.5 公尺）的地洞。

狼蛛

靛藍蛇

臭鼬

樹懶和海藻

The Sloth and the Algae

右側樹懶的毛髮看起來被染成綠色，
但其實只是由海藻這種微小的植物覆蓋。
樹懶的毛受到保護，既溫暖又濕潤，
還充滿許多養分，是適合海藻生長的最佳溫室。
這對樹懶來說也有好處——
海藻提供了絕佳偽裝，
能幫助樹懶融入樹木，不被掠食者發現。

樹懶本身自然的顏色，在樹枝和樹葉中看起來很醒目。

就像海藻一樣，有一種蛾有時候也會住在樹懶的毛裡面。這種蛾會吃海藻，而牠的幼蟲又會吃樹懶糞便維生！

美味的點心

海藻可能是世界上唯一可食的偽裝服。全身蓋滿海藻的樹懶如果餓了，就可以從身上的毛拿些海藻出來當點心享用。這代表海藻能作為樹懶的食物，並且也能避免樹懶被吃掉！

綠腹麗魚和花斑腹麗魚
The Green Chromide and the Orange Chromide

這是一段沒有那麼友善也沒有那麼簡單的清潔關係。
花斑腹麗魚會吃體型更大的綠腹麗魚身上的寄生蟲。
幫助綠腹麗魚減少寄生蟲的同時，
花斑腹麗魚也能飽餐一頓。但有個問題：
如果綠腹麗魚沒有顧好自己的卵，
花斑腹麗魚就會立刻將對方的卵吃掉！

叛徒

這兩種物種可以維持和平互利的關係。但是花斑腹麗魚沒有忠誠度可言——所以會吃掉客戶還未出生的寶寶。

狐猴與旅人蕉

The Lemur and the Palm

大型的植物需要大型的授粉者，
而體長 4 呎（1.2 公尺）、
毛色黑白相間的狐猴，則是世界上最大的授粉者。
牠爬上巨大的旅人蕉，打開花朵，
喝掉裡頭甜蜜的花蜜。狐猴吃東西的時候，
長長的毛會沾黏許多花粉。
狐猴將身上的花粉再帶到下一棵旅人蕉，
為其授粉，培育更多的旅人蕉。

旅人蕉能長到
比**奧運比賽**的
跳水板還要高。

破門……

和你熟悉的嬌美花朵不一樣——這些花像堡壘一樣。這隻狐猴是唯一能取得裡頭花蜜的授粉者。

……而入

一旦成功進入,狐猴會將臉直接伸向植物,盡可能舔光裡頭的花蜜。

吃得亂七八糟

狐猴吸食花蜜的時候,臉上會沾黏許多花粉。密實的毛是最佳的授粉工具——有點像是一隻龐大的熊蜂。

藍色種子

旅人蕉的造型已經夠奇怪了,籽還是亮藍色的。這或許能幫助旅人蕉吸引狐猴前來,因為狐猴只能看見藍色和綠色。

檸檬微蟻
The Lemon Ants

亞馬遜雨林以
擁有豐富植物種類聞名，
但在一些地方，
只有特定的樹木能夠存活。
根據當地傳說，
這些稱為「惡魔的花園」的
可怕地區是由惡靈所創造的──
但其實這些都是由
檸檬微蟻一手打造出來。

快樂的森林

在這些小型螞蟻出現之前，亞馬遜雨林是個熱帶天堂，各種各樣美麗的植物都生長在一起。

和惡魔的花園
and the Devil's Garden

快樂的螞蟻

但檸檬微蟻只想住在某種特定的樹上。牠們對那個地方的所有其他植物注射一種能殺死植物的天然物質（**除草劑**），為牠們喜歡的物種創造更多空間。導致森林裡有許多地方看起來空曠得詭異，在那裡只剩下螞蟻和牠們最喜歡的樹木。

111

牛鸝和黃喉地鶯
The Cowbird and the Yellowthroat

褐頭牛鸝常常被稱為「黑道鳥」，
因為這種鳥習慣逼其他的鳥養自己的寶寶。
牛鸝會將蛋產在其他鳥的鳥巢裡，像是黃喉地鶯的巢裡，
還會飛回來檢查自己的幼鳥有沒有受到良好照顧。

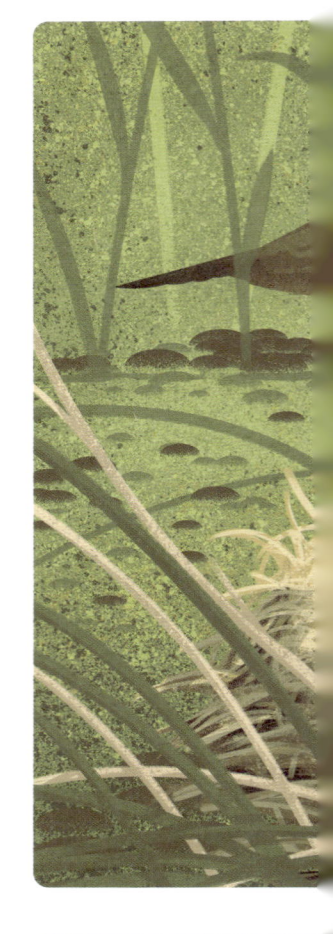

黑道鳥

黑幫成員最會敲詐勒索了，基本上就是：付錢或等著瞧。這隻鳥做的其實就是同樣的事情。

合作……

如果黃喉地鶯同意養育牛鸝的幼鳥，那黃喉地鶯要付出非常高昂的代價。養自己的小孩成本就夠高了，從演化的觀點來看，養其他物種的後代完全是浪費時間。

……不然就走著瞧！

如果黃喉地鶯毀掉、忽略或移除牛鸝的蛋，牠將會被無情復仇。牛鸝回來發現後會砸爛黃喉地鶯所有的蛋。

拳擊蟹和海葵
The Boxer Crab and the Anemones

大部分的拳擊手套都是為了保護對手安全——
但拳擊蟹的手套卻會讓敵人陷入危險。
拳擊蟹戴著一對有毒的海葵，如果有掠食者靠得太近，
拳擊蟹就會朝對方臉上出刺拳。
這些海葵幫助螃蟹抵禦更龐大、遠超過其量級的掠食者。

舉起手套

海葵讓拳擊蟹得以擊出有毒的一拳：如果掠食者膽敢碰到牠們的觸手，拳擊蟹會朝著對方使出有毒帶刺的一拳。通常只是舉起手套，就足以嚇退掠食者。

朋友或人質？

有些人認為海葵像這樣被帶來帶去會得到好處，可以免費獲得安全及交通工具。有些人則認為螃蟹偷走了海葵的食物，影響了海葵的生長。

複製海葵的攻擊

科學家測試拳擊蟹手上海葵的 DNA 資訊，發現一對海葵的 DNA 通常 100% 吻合。並認定拳擊蟹一開始一定只有一隻海葵，但拳擊蟹把海葵剝成兩半來「複製」海葵，讓斷掉的兩塊都重新長出來。

紅尾綠鸚鵡和藍桉樹

The Swift Parrot and the Blue Gum

紅尾綠鸚鵡和藍桉樹如果沒有互相幫忙，都將難以繁衍下去。
每年，紅尾綠鸚鵡會回到澳洲的塔斯馬尼亞島繁殖，
待在那裡的期間也會幫助藍桉樹繁殖。
紅尾綠鸚鵡住在藍桉樹上，靠著樹上甜甜的花蜜維生，
每次吃花蜜的時候，身上都會被花粉覆蓋。
牠們將花粉從一棵樹帶到下一棵樹，在過程中為種子授粉。

藍桉樹的花經過演化，能滿足紅尾綠鸚鵡的味蕾。

準備比賽

紅尾綠鸚鵡的飛行速度極快。說得很準確──「快速」──牠們是地球上飛得最快的鸚鵡，每小時可以飛 55 哩（每小時 88 公里）。比賽馬還要快！

繁殖季

所有的紅尾綠鸚鵡都在塔斯馬尼亞島出發，但終生大部分時間都住在澳洲本島。牠們只會回到塔斯馬尼亞島繁殖。要跨越的海上距離超過 500 哩（800 公里），所以這些鳥不僅速度快，還相當有耐力。

澳洲

塔斯馬尼亞島

117

黑帶鰺和大白鯊
The Pilot Fish and the Great White

清潔團隊

微小的寄生蟲會對鯊魚造成很嚴重的傷害，所以黑帶鰺提供的服務非常棒。大白鯊得到私人助理團隊，而黑帶鰺則得到穩定的食物來源──大白鯊身上的寄生蟲可以餵飽一整群的黑帶鰺。

大部分海中生物都不會笨到去靠近大白鯊。
但大白鯊卻對某幾種生物非常友善，包括黑帶鰺。
黑帶鰺不是藉由逃跑或回擊來避免成為大白鯊的食物，
而是靠著吃掉鯊魚身上討厭的寄生蟲。

大白鯊是**體型最大**的**肉食性魚類**。

卷尾和狐獴

The Drongo and the Meerkats

卷尾是地方的守望鳥。
一看到有掠食者出現,附近的卷尾會出聲警告,讓其他動物都躲起來。但卷尾常常為了自己的利益而濫用大家的信任……

注意!

卷尾看到掠食者時會發出明確的聲音警告牠的狐獴朋友。狐獴會注意聽這些警告聲,提前知道有危險靠近。

騙子

卷尾知道狐獴會聽,所以有時候會發出假的警告聲,把狐獴嚇跑。誰知道鳥也會騙人?

動機

卷尾騙過狐獴來得到一餐。當卷尾看到狐獴在吃美味的點心（像是蠍子）時，會發出假警報把狐獴嚇走並搶走食物。

鰕虎和槍蝦

The Goby and the Shrimp

槍蝦的螯挖東西很厲害，而有種叫做鰕虎的魚視力很好，能注意是否有掠食者靠近。這兩種動物結合各自的強項，一起迎戰暗礁的各種危險。

……我是你的眼

鰕虎是槍蝦的偵察兵。當危險靠近時，鰕虎會輕彈槍蝦，要對方躲起來。

你是我的手臂……

槍蝦可以用自己的螯做到鰕虎做不到的事情。槍蝦為牠們倆挖了一個洞,彼此共享,需要的時候都可以躲在這裡。

在岩石間用魚鰭挖東西太困難了。

團隊合作

槍蝦和鰕虎每天都一起覓食,每晚睡在共同的家。兩種動物的強項結合起來,彌補了各自的弱點。

123

名詞表

DNA
生物體內能引導生物外觀、生長、行為的遺傳密碼。

變態
一些動物變成成體的過程——像是毛毛蟲變成蝴蝶，或蝌蚪變成青蛙。

哺乳動物
哺乳動物通常會產下幼兒，分泌乳汁且有毛髮。人類、鯨魚、牛、蝙蝠都是哺乳動物。

片利共生
其中一個物種受惠，但不影響另一個物種的共生關係。

複製
產生兩隻以上擁有相同 DNA 的生物。

附生植物
生長在其他植物上的植物。

肥料
能加入土壤中幫助植物生長的物質。

毒液
有些動物會製造的有毒物質；像是某些蛇類。

盜食寄生
藉由從其他生物偷竊搶奪食物而生存的動物。

共生
不同物種形成長期緊密的關係——有時候所有物種都會受惠，有時則不然。這本書就是在講共生！

寄生
其中一種物種受惠，但對另一種物種（寄主）有害的共生關係。

寄生蟲
在宿主體內或體外，藉由獲取宿主資源而生長的生物。

棲地
生物生活的地方。

細菌
非常小的微生物。有些細菌會引發疾病。

真菌
真菌既非植物也不是動物，範圍廣泛，包括過期麵包上的黴菌到菇類等都是。

觸角
昆蟲用來感知周遭環境的鬚狀器官。

食物鏈
描述物種間吃與被吃關係的簡易方式。例如獅子吃羚羊，而羚羊吃草。沒有其他動物吃獅子，所以獅子位於「食物鏈的頂端」。

授粉

這是許多植物產生種子的方式，通常藉由昆蟲等動物的協助。

生物

活生生的生物。

鰓

魚類用來呼吸的器官。

幼蟲

昆蟲的幼齡階段。

演化

物種隨著時間適應生存環境改變的現象。

養分

生物生長所需物質。

獵物

獵物會被其他動物（掠食者）捕食。

偽裝

動物或植物能融入環境不被發現的能力。

兩棲類

一種能同時生存在水中並離開水面生活的動物。青蛙和蟾蜍都是兩棲類動物。

掠食者

以其他動物（獵物）為食的動物。

花蜜

植物分泌出的甜液，用來吸引動物前來為其授粉。

花粉

花朵產生的粉狀物，會經由動物、風、水傳播到其他花朵進行授粉。

互利共生

兩個物種都彼此受益的共生關係。

獻給我的父母席娜和布萊恩，
　謝謝他們唸書給我聽。

作者簡介

麥肯・莫菲
（Macken Murphy）

是一位作家及科學教育者。他主持一個每週更新的動物podcast《物種》（Species），此節目同時受到蘋果公司及BBC的《Wildlife》雜誌推薦。目前在牛津大學攻讀人類學。

繪者簡介

德拉甘・柯爾迪克
（Dragan Kordi）

是一位童書插畫家，為應用平面設計碩士。熱愛藝術之餘，他的靈感來源還包括探索大自然、旅行、閱讀。他喜歡和太太、年幼的女兒、（真實及想像的）朋友們、他的鸚鵡奧格斯特及兩隻狗相處。他現居克羅埃西亞的里耶卡。

譯者簡介

張芷盈

政治大學新聞學系、台灣師範大學翻譯研究所口譯組畢業。曾任記者、非政府組織工作人員，目前兼職插畫設計，譯作十餘本，翻譯的繪本包括《猜猜看，他們吃了什麼？》、《出發吧！環遊世界驚奇建築》。來信指教：gina.cychang@gmail.com

審訂者簡介

林大利

澳洲昆士蘭大學生物科學系博士。國立臺灣大學生態學與演化生物學研究所助理教授。科普書籍譯者、審定者。主要研究小鳥、森林和野生動物的棲地。出門一定要帶書、對著地圖發呆很久、算清楚自己看過幾種鳥；同時也是個龜毛的讀者，認為龜毛是一種科學寫作的美德。

動物小夥伴
59 組你想不到的最佳拍檔，歡迎來到動植物共生的奇妙世界
Animal Sidekicks: Amazing Stories of Symbiosis in Animals and Plants

作　者	麥肯・莫菲（Macken Murphy）
繪　者	德拉甘・柯爾迪克（Dragan Kordić）
譯　者	張芷盈
審　訂	林大利
主　編	鄭悅君
封面設計	FE設計
內頁設計	張哲榮
發行人	王榮文
出版發行	遠流出版事業股份有限公司 地址：臺北市中山區中山北路一段11號13樓 客服電話：02-2571-0297 傳真：02-2571-0197 郵撥：0189456-1
著作權顧問	蕭雄淋律師
初版一刷	2025年8月1日
定　價	新台幣500元 （如有缺頁或破損，請寄回更換）
ISBN	978-626-418-221-8

有著作權，侵害必究　Printed in Taiwan

遠流博識網　www.ylib.com
遠流粉絲團　www.facebook.com/ylibfans
客服信箱　ylib@ylib.com

ANIMAL SIDEKICKS: Amazing Stories of Symbiosis in Animals and Plants by MACKEN MURPHY, illustrated by DRAGAN KORDIC
Copyright © 2022 St Martin's Press
This edition arranged with MACMILLAN PUBLISHERS INTERNATIONAL LIMITED (trading as Neon Squid) through BIG APPLE AGENCY, INC. LABUAN, MALAYSIA.
Traditional Chinese edition copyright: 2025 Yuan-Liou Publishing Co., Ltd. All rights reserved.

國家圖書館出版品預行編目（CIP）資料

動物小夥伴：59 組你想不到的最佳拍檔，歡迎來到動植物共生的奇妙世界 / 麥肯. 莫菲(Macken Murphy) 文字；張芷盈翻譯.
-- 初版 -- 臺北市：遠流出版事業股份有限公司, 2025.08
128 面；21×25.7 公分
譯自：Animal sidekicks : amazing stories of symbiosis in animals and plants.
ISBN 978-626-418-221-8（精裝）
1.CST: 動物行為 2.CST: 動物生態學 3.CST: 通俗作品

383.7　　　　　　　　　　　　　114006737